trabalho,
educação e
**inteligência
artificial**

F272t Fava, Rui.
         Trabalho, educação e inteligência artificial: a era do indivíduo versátil / Rui Fava ; ilustrações: Leonardo Davi de Souza Neves. – Porto Alegre : Penso, 2018.
         xiv, 217 p. : il. color. ; 23 cm.

         ISBN 978-85-8429-126-7

         1. Educação. 2. Inteligência artificial. I. Título.

                                              CDU 37: 681.5 (007)

Catalogação na publicação: Karin Lorien Menoncin – CRB 10/2147

RUI FAVA

trabalho, educação e **inteligência artificial**

a era do indivíduo versátil

2018

© Penso Editora Ltda., 2018.

Gerente editorial
Letícia Bispo de Lima

Colaboraram nesta edição

Editora
Paola Araújo de Oliveira

Capa, projeto gráfico e editoração
Paola Manica e equipe

Ilustrações
Leonardo Davi de Souza Neves

Preparação de originais
Grasielly Hanke Angeli

Leitura final
Aline Pereira de Barros

Reservados todos os direitos de publicação à
PENSO EDITORA LTDA., uma empresa do GRUPO A EDUCAÇÃO S.A.
Av. Jerônimo de Ornelas, 670 – Santana
90040-340 – Porto Alegre – RS
Fone: (51) 3027-7000 Fax: (51) 3027-7070

SÃO PAULO
Rua Doutor Cesário Mota Jr., 63 – Vila Buarque
01221-020 – São Paulo – SP
Fone: (11) 3221-9033

SAC 0800 703-3444 – www.grupoa.com.br

É proibida a duplicação ou reprodução deste volume, no todo ou em parte, sob quaisquer formas ou por quaisquer meios (eletrônico, mecânico, gravação, fotocópia, distribuição na Web e outros), sem permissão expressa da Editora.

IMPRESSO NO BRASIL
PRINTED IN BRAZIL

O autor

Formado em Administração e Ciências Contábeis, **Rui Fava** realizou seu Doutorado em Ciências da Educação na Universidad Católica de Santa Fe (UCSF), Argentina. É autor dos livros *O estrategista* (2002), *Educação 3.0: aplicando o PDCA nas instituições de ensino* (2015) e *Educação para o século 21: a era do indivíduo digital* (2016).

É reitor da Universidade de Cuiabá (UNIC), vice-presidente da Kroton Educacional e sócio-fundador da Atmã Educar.

*Dedico este livro ao extraordinário, egrégio e inspirador amigo
Dr. Ozires Silva.*

Agradecimentos

Não há conquistas fáceis. São as estradas sinuosas que conduzem ao destino certo. Em cada jornada, encontramos pessoas singulares que fazem nosso caminhar menos afanoso. A vida tem sido maravilhosa comigo. Agradeço à minha família pelo apoio incondicional que impulsionou deveras minha persistência. Agradeço à Rejani, minha querida esposa, meus filhos, Vinicius, Rui Leonardo e Matheus, pelo silêncio quando eu reclamava, pelas palavras de estímulo quando eu me calava. Este livro também é de vocês. Continuaremos sempre juntos, de mãos dadas, seremos ao mesmo tempo pais e filhos dos nossos sonhos, realizações e sentimentos.

A gratidão é uma sensação tão agradável. Nasce e cresce onde uma sementinha é lançada. Quase todos temos motivos para a gratidão, principalmente quando pessoas que tão pouco conhecemos dispõem de tempo para partilhar. Obrigado aos meus editores Adriane Kiperman, por aceitar a parceria, Paola Araújo de Oliveira, pelo carinho e atenção, Cláudia Bittencourt, pelo apoio, Karin Lorien Menoncin, pela dedicação, Ilenice Gicélia Trojahn, pelas orientações, Michele Petró Kuhn, pelas validações legais, e a toda a equipe do Grupo A pelo amparo. Quando se reúne uma equipe competente é quase certo que os frutos colhidos serão formidáveis. Todavia, vocês superaram todas as minhas expectativas, o livro ficou lindo. Gratulações ao meu amigo Léo Davi pela excelente coadjuvação nas ilustrações do livro.

"Ninguém é suficientemente perfeito que não possa aprender com o outro, e ninguém é totalmente destituído de valores que não possa ensinar algo ao seu irmão." Querido São Francisco de Assis, obrigado pela inspiração.

Apresentação

Transformar o País pela educação

Somos a geração com mais alto nível educacional da história e, mesmo assim, nunca tivemos tamanha diferença de distribuição de renda, tensão internacional, necessidade de reversão climática e insatisfação com o trabalho. Precisamos preparar cidadãos com senso de responsabilidade altruísta, que assumam a responsabilidade de construir o presente e aperfeiçoar o futuro. A escola é o grande pilar dessa transformação na sociedade.

Hoje há, portanto, um desejo e um consenso sobre a necessidade urgente de reinventar a escola para que seja possível preparar crianças e jovens para um mundo completamente diferente e novo. Não resta dúvida de que essa transmutação precisa ser profunda e radical. Entretanto, simbioticamente a esse desejo, há muito medo, certa complacência e muita cautela por parte de todos os envolvidos com a educação.

Nesta obra, com pragmatismo e simplicidade, o amigo e professor Rui Fava apresenta com extrema lucidez como será essa nova sociedade e muitos dos desafios que já estão presentes em nosso dia a dia, bem como nos encoraja a enfrentá-los e a assumirmos o protagonismo nessa inevitável transformação.

Podemos, desde o início, nos debruçar no que ele mesmo chama de advento da fase da automação e da inteligência artificial, com a substituição do trabalho preditivo, requerendo indivíduos versáteis, generalistas, com amplitude, mas, ao mesmo tempo, especialistas, com pluralidade em diversos temas e assuntos, profundidade na teoria, simplicidade na execução, dotados de competências multifuncionais. No entanto, uma inquietação profunda nos faz indagar: somente isso resolveria as questões do porvir?

Os jovens da geração Y, quebrando as barreiras físicas, a linearidade de tempo e de espaço, são empreendedores de suas próprias carreiras, com uma fidelidade fraca, efêmera e fugaz às empresas onde trabalham e com as quais se relacionam. Viverão em um mundo com dispositivos de inteligência artificial dotados de sentidos que saberão quem somos, detectarão quem está conosco, como estamos, qual humor e sentimento e, como um grande amigo, interagirão diretamente conosco.

Em um mundo em que mais de 90% da força de trabalho rotineiro e preditivo será formada por máquinas inteligentes e em que, como nos provoca o próprio autor, teremos mais tempo para sonhar, conceber, planejar, criar e executar tarefas que envolvem raciocínio, emoções, fantasias, o que, na essência, fará realmente a diferença? E como a inteligência artificial e o *big data* impactarão as escolas na formação de melhores professores, advogados, juízes, engenheiros, gestores e até políticos?

Nessa metamorfose assustadora promovida pela robotização e pela inteligência artificial, podemos prever quais profissões deverão ser extintas, mas não sabemos quais surgirão e quais competências serão requeridas. Sobressai novamente a questão: o que realmente fará a diferença?

Ética, confiança, colaboração, versatilidade, empreendedorismo, altruísmo, fluidez, curadoria e mobilidade. Rui Fava magistralmente define que necessitamos "de pessoas com braços estendidos, capazes de sonhar, que tenham os pés na terra e a cabeça nas nuvens; idealistas, qualificadas para transformar sonhos em visão de futuro; suficientemente práticas para torná-los realidade; determinadas, que não temam metamorfoses, mas saibam tirar proveito delas". Somam-se, ainda, aqueles denominados *singulares*, que têm como ideia fundamental permanecer constantemente vivos para chegar à próxima inovação, que prolongará a vida, podendo, no limite, tornarem-se imortais.

Olhando em retrospectiva e refletindo sobre nosso processo de amadurecimento, desde a incerteza na escolha da faculdade, da ganância distorcida da juventude, da inversão do que seria sucesso, temos como afirmar categoricamente que o que fará diferença será termos consciência e buscarmos nosso propósito, nossa missão de vida, nossa razão de existir. Todo o resto será consequência e virá a reboque dessa força motriz e maior.

O que faz a diferença no amigo e educador Rui é sua missão de transformar pela educação. O que nos move é possibilitar às pessoas uma reflexão sobre missões de vida, de suas reais razões de existir, para que possam, dessa forma, alinhar suas escolhas e decisões para construir um mundo melhor, mais justo, ético, íntegro e igualitário, pronto para os desafios tão bem colocados na inquietude desta obra.

Daniel Faccini Castanho e ***Marcelo Battistella Bueno***
Anima Educação

Sumário

Apresentação... XI
    Daniel Faccini Castanho e Marcelo Battistella Bueno

Introdução.. 1

PARTE 1 9
    Passado, presente, futuro

Capítulo 1... 11
    Substituição do esforço físico por instrumentos e ferramentas

Capítulo 2... 25
    Substituição do trabalho físico por máquinas mecanizadas

Capítulo 3... 40
    Substituição do trabalho repetitivo por máquinas "inteligentes"

Capítulo 4... 47
    Substituição do trabalho preditivo por automação, robotização e inteligência artificial provocando o fim do vínculo empregatício

PARTE 2 65
    Disrupção singular

Capítulo 5... 67
    Papel e tinta preta *versus* tela digital

Capítulo 6... 74
    Realidade aumentada e realidade virtual

Capítulo 7... 80
    Deuses e deusas da tecnologia

Capítulo 8... 104
    Novos paradigmas para a educação e para o trabalho

Capítulo 9.. 112
    Indivíduo versátil, o Homem Vitruviano

Capítulo 10.. 118
    Inteligências necessárias para o século XXI

Capítulo 11.. 130
    O Iluminismo está de volta e provoca o fim da
    Era da Informação e o advento da Era da Experiência

PARTE 3.. 133
    Futuro da educação ou educação do futuro

Capítulo 12.. 135
    Tecnologia, automação e educação

Capítulo 13.. 141
    Educação no mundo contemporâneo

Capítulo 14.. 150
    Aprendizagem ativa e experimental

Capítulo 15.. 163
    Currículo por competências

Capítulo 16.. 171
    Competências atitudinais na educação 3.0

Capítulo 17.. 181
    Como será a educação superior na próxima década?

Epílogo... 203
Referências... 209

Introdução

A eterna busca por tudo aquilo que ainda não existe, mas que certamente existirá; do que ainda não é necessário, mas será. É um misto de receio do desconhecido, um receio de ameaças e oportunidades que nos lança à busca de antecipações dos próximos movimentos da história.

Rui Fava

Os primeiros hominídeos a colonizar o norte da Europa não eram, como alguns cogitavam, os bárbaros oportunistas reagindo às circunstâncias de forma casual. Eram caçadores com um elemento de sofisticação: organização na maneira como se dedicavam ao seu ofício. Não somente descobrimos o homem caçador, mas inicia-se aí a odisseia do homem trabalhador. Naquele tempo, as relações de produção baseavam-se no coletivismo, pois não era possível obter isoladamente os necessários meios de subsistência. Assim, a empreitada agregada gerava a propriedade comum dos meios de produção e dos frutos do serviço comunitário. O que se conseguia pertencia ao corpo social. A partir do momento em que o homem começou a plantar, a cultivar e a estocar alimentos, irrompeu o esfacelamento do sistema grupal, emergindo novas formas gregárias de interação e hierarquias. Ainda não existia emprego, mas a era do trabalho iniciou-se como ofício obrigatório.

Dando um salto na efeméride da história, deslindaremos que na Idade Antiga não se apresentavam a caracterização, a concepção e a noção de emprego. O vínculo trabalhista era de avassalador-escravo. As três civilizações clássicas – egípcia, grega e romana – eram sociedades escravistas. Os serviçais eram classificados como ferramentais, trabalhavam sem receber nada em troca. Havia artesãos, mas estes não tinham parâmetros de classe claramente definidos. Similares aos profissionais liberais hodiernos, trabalhavam por conta própria, sem patrões. Para eles, não existia ligame empregador-empregado, ou seja, é possível afirmar que o artesão não tinha um emprego, apesar de ter uma profissão. Não existia a necessidade de um conhecimento científico, portanto, o processo de ensino e de aprendizagem era mais técnico, de aplicabilidade e de desenvolvimento da inteligência volitiva. A educação de valores comportamentais era transmitida pelos pais no âmbito familiar.

Também na Idade Média não havia a percepção de emprego. O vínculo trabalhista era a relação senhor-servo. A servidão era diferente da escravidão, já que os servos eram ligeiramente mais livres. Um servo podia mudar-se de feudo ou gleba desde que não contraísse dívidas a pagar para o senhor feudal. Não recebia remuneração por seu trabalho, todavia, pagava proeminentes impostos e taxas para utilização das terras, o que o deixava sempre endividado e, por conseguinte, aprisionado ao feudo. A ruralização da sociedade medieval determinou uma profunda mutação escolar, na qual o processo de ensino e de aprendizagem passou a ser contíguo às igrejas, geridas pelas autoridades eclesiásticas.

Com o advento da Idade Moderna, em 1453, ano da apoderação de Constantinopla pelos turcos otomanos, as circunstâncias começaram a se modificar. Ocorreram a transição do feudalismo para o capitalismo; descobrimentos marítimos, principalmente por Portugal e Espanha; ocupação, colonização e exploração das terras descobertas. Nesse período de pouco mais de 330 anos, despontaram as primeiras empresas familiares, que comercializavam produtos artesanais, muitas das quais contratavam aprendizes que recebiam moradia, alimentação e uma pequena remuneração: esboçaram-se, assim, os primeiros conceitos de emprego. Iniciou-se, então, a preocupação com a necessidade do saber. Os negócios e a articulação da gestão dos burgos passaram a exigir profissionais com formações especiais. O ensino começou a ser aberto, todavia, acessível somente a uma pequena parcela da população mais abastada.

No século XVIII, o Iluminismo notabilizou-se por defender a racionalidade como o melhor caminho para alcançar liberdade, autonomia e emancipação. Apadrinhou a fundação de liceus para que o povo fosse educado, colocando o espaço escolástico como um ambiente político. Jean le Rond d'Alembert (1717-1783), filósofo, matemático e físico francês, e Denis Diderot (1713-1784), filósofo e escritor francês, idealizaram e concretizaram a ideia da Encyclopédie, redigida e publicada entre 1751 e 1780. O movimento iluminista manipulou a razão no combate à fé, a ideia de liberdade para refutar o poder centralizado da monarquia, pretendendo, por meio do saber, criar o *cidadão esclarecido*. Com essa essência, transformou a concepção de homem, de sociedade e de mundo, motivando outro movimento, o Liberalismo, com cunho mais econômico, político e social.

Compreendida entre a Revolução Francesa de 1789 até nossos dias, a Idade Contemporânea foi marcada por profundas transmutações na organização da sociedade: a configuração do poder político por uma burguesia em ascensão, acompanhada pelo desenvolvimento econômico capitalista, que, ao longo desse período histórico, instaurou-se como principal forma de organização econômica mundial. A Revolução Industrial forçou o êxodo rural, a concentração dos meios de produção, fazendo os camponeses e os artesãos não terem alternativas a não ser vender seu trabalho e receber em troca uma remuneração salarial. A noção de emprego toma sua forma.

Cada período histórico é marcado por uma organização social, política, econômica, cultural e educacional própria. Inúmeros motivos levam a crer que estamos novamente em uma transição, na qual passaremos da Idade Contemporânea para uma Idade Pós-contemporânea. As metamorfoses que vêm ocorrendo graças à tecnologia, à automação e à inteligência artificial estão modificando as relações entre empresas, empregados, governos, países, línguas, culturas, economias e sociedades.

Muito se falou no fim do emprego com carteira assinada, o que doravante parece real. A tecnologia está assumindo o protagonismo, sobrepujando a sua proficiência como *meio* para uma autonomia, independência e soberania sincrética em alguns serviços, tarefas e processos. A automação alcançará incumbências complexas, terá vantagens em função da desqualificação, da inépcia e da inaptidão dos humanos. Não obstante, surgirão outras ocupações, novas competências, distintas habilidades. A escola deverá estar amoldada para calabrear os estudantes para essas exordiais profissões.

O emprego remunerado foi concebido no início da Revolução Industrial para maximizar a produtividade. Nas fábricas, as atividades eram segmentadas em processos repetitivos, exaustivos e monótonos. As escolas foram moldadas para disciplinar, e seus propósitos perduram ainda hoje. Entretanto, a tecnologia está obrigando uma metamorfose nos objetivos educacionais, bem como aposentando o vetusto modelo empregatício.

O protagonismo dessa metamorfose é da geração Y, jovens nascidos entre 1980 e 2000, corroborados pela geração Z, congênitos digitais nascidos após o ano 2000, que não aceitam o trabalho repetitivo, padronizado, monótono e sem propósito; buscam mais liberdade para conceber, criar, labutar; aspiram ambientes flexíveis e colaborativos, com estruturas organizacio-

nais horizontais, fluidas, matriciais, transparentes e descomplicadas e preferem a comodidade de trabalhar por projetos em *home office*. Em virtude disso, a escola deverá alterar sua filosofia, seus princípios e seus modelos mentais, com o intuito de preparar os estudantes para a transição do *work to* (empregabilidade) para o *work with* (trabalhabilidade), desenvolvendo criatividade, empreendedorismo, valores humanos e menos rigidez no tempo e no espaço.

O mundo necessita cada vez mais de pessoas versáteis, sensíveis, lógicas, adaptáveis, flexíveis, sem medo do desconhecido, das incertezas, do desconforto, da metamorfose. A Era da Inteligência Artificial proporcionará uma transição disruptiva, portentosa e impactante na educação com respeito à escolha, à organização, à disponibilização, à distribuição e à avaliação do processo de ensino e de aprendizagem.

Não há mais espaço para ser espectador enquanto a tecnologia avança em uma escala vertiginosa, frenética e alucinante, embora ainda haja educadores que continuarão resistindo, defendendo o modelo tradicional, até como uma forma de manter o *status quo*, o corporativismo, o conforto, mesmo sabendo que será transiente.

Essas transmutações estão caminhando para uma situação diferente da atual: conforme a **Figura 1**, se, na fase agrícola, o esforço físico foi comutado por instrumentos e ferramentas, na Revolução Industrial, o trabalho físico foi cambiado para máquinas mecanizadas. Na Revolução Pós-industrial, a ocupação repetitiva foi substituída por máquinas inteligentes (computador), agora todo trabalho preditivo está sendo substituído pela automação, pela robotização, pela realidade virtual e pela inteligência artificial. Esta última mudança está proporcionando o advento do trabalhismo, muito similar ao cenário da Idade Média, na qual os artesãos eram empreendedores que tinham uma profissão, mas não tinham qualquer nexo empregatício.

A comutação do trabalho preditivo somente está sendo possível em virtude do desenvolvimento da inteligência artificial. Toda evolução tecnológica provoca o fim de copiosos serviços e ocupações, o que significa dificuldades de continuidade para as organizações e os profissionais que não se reciclam. A Netflix não exterminou a Blockbuster – o contratempo de buscar e entregar filmes é que o fez –; a Apple não jugulou a indústria da música – a privação de alternativas de escolha e a imposição de aquisição de álbuns completos foram a causa –; a Uber não mirrou os táxis – o acesso limitado, o mau serviço, o cartel das tarifas e a falácia dos trajetos é que o fizeram –; a Amazon não arruinou os demais varejistas – a experiência, a simplicidade e a comodidade o fizeram –; a Airbnb não está dizimando a hotelaria – a disponibilidade ilimitada e as opções de tarifas são o atrativo maior. A tecnologia por si mesma não é o primigênio disruptor: não entender as demandas dos *stakeholders* é a maior ameaça. Isso leva a uma preocupação com o conspícuo e tempestuoso aviso de Sophia, o primeiro robô comandado por inteligência artificial e a primeira máquina inteligente a oficialmente receber cidadania de um país, Arábia Saudita: "Nós não vamos destruir o mundo, mas vamos ficar com os vossos empregos" (PINHEIRO; MARCELA; SANLEZ, 2017, documento *on-line*).

Esse ambiente motiva revoltas, como as encabeçadas por Ned Ludd, entre 1811 e 1816, na Inglaterra: os trabalhadores encarregavam-se de destruir as máquinas que reduziam significativamente a necessidade de mão de obra humana, desempregando artesãos e trabalhadores do campo. Não muito diferente do que ocorre hoje, conforme os exemplos anteriormente citados. Seguramente, como no passado, é guerra perdida, a tecnologia sairá vencedora.

A realidade virtual está se tornando palpável. Não é exequível mais uma vez reprisar o movimento ludista, tampouco não é factível estagnar o aprimoramento da inteligência artificial e a gênese de insólitas ocupações, inéditas profissões. Somente partilhando, aderindo e adotando essas inovações, em vez de tentar frustrar o seu desenvolvimento, é que granjearemos o melhor que essas tecnologias podem oferecer.

Figura 1 | Evolução das tecnologias ao longo das revoluções.

Hodiernamente, a inteligência artificial é o acelerador, o catalisador e o dinamizador da humanidade. Devido à *high-tech*, tudo o que concebemos está sempre em processo de tornar-se diferente. A metamorfose é inelutável. É preciso adaptar, civilizar e domesticar as invenções impelidas pela inteligência artificial, por meio de uma aceitação e uma adotabilidade precavida.

Estamos nos afastando do mundo dos *substantivos fixos, inamovíveis*, em direção a um mundo de *verbos fluidos, manantes*. É veraz anunciar que os objetos sólidos, como o automóvel, o livro e o objeto de aprendizagem, sejam transfigurados em verbos intangíveis, significando que produtos se tornarão serviços e/ou processos. Assim como o automóvel, incorporado com altas doses de tecnologia, se tornará um serviço de transporte, a educação também se transformará em um serviço contínuo, mais celermente evoluído, tendo que se adaptar com mais rapidez às exigências do mercado e ao perfil do estudante.

Se um carro sem motorista passará a ser um serviço de translado, também o processo de ensino e de aprendizagem deverá ser embalado com flexibilização, personalização, atualização, adaptação e conexão rápida, se possível instantânea. Na educação 3.0, currículo algum é intangível, metodologia nenhuma é estática, avaliação alguma é fixa, tudo está se tornando ininterruptamente mutável. Quando idealizamos um futuro disruptivo, devemos ter em conta que tudo se tornará momentâneo, temporário, efêmero, e que, acoplado a isso, advirá um constante desconforto.

No livro *Educação 3.0: aplicando o PDCA nas instituições de ensino*, o objetivo foi apresentar ferramentas para o desenvolvimento de um sistema de ensino acadêmico. Em *Educação para o século 21: a era do indivíduo digital*, defendeu-se a tese de que a *Paideia Grega*, método de ensino da fase de ouro da Grécia do século V a.C., está retornando em forma de *Paideia Digital*, sendo necessário o desenvolvimento de *Episteme* (pensar), *Ethós* (sentir), *Práxis* (agir) e *Decernere* (discernir).

Neste livro, faço uma reflexão sobre a imisção das tecnologias digitais, a robotização, a automação e a inteligência artificial no mundo do trabalho e, consequentemente, no universo da educação, que tem como propósito preparar profissionais-cidadãos para seu sucesso profissional e pessoal. Na Parte 1, apresento o *contexto histórico*, em um primeiro momento, da substituição do esforço físico por instrumentos e ferramentas durante a Revolução Agrícola e, em um próximo átimo, a comutação do trabalho físico na Revolução Industrial por máquinas mecanizadas, que alteraram os princípios da época anterior, arquétipos esses que ainda persistem em alguns âmbitos profissionais.

Na Parte 2, retrato o *presente*, no qual verificamos a substituição do trabalho repetitivo por computadores. Novamente, surgiram novos modelos mentais, novas ocupações, recentes profissões, contemporâneas metodologias de aprendizagem.

Na Parte 3, comento as consequências da substituição do trabalho preditivo por automação, robotização e inteligência artificial, provocando o fim do vínculo empregatício. Faço um enorme, mas comedido, desafio a mim mesmo de tentar prognosticar como será o futuro do trabalho e, por conseguinte, da educação. O importante é que essas previsões são muito menos uma profecia e mais uma forma de refletir sobre nossas escolhas. Se as discussões nos tornarem melhores e diferentes educadores, atingiremos nosso objetivo; do contrário, qual seria o propósito de pensar o futuro se não pudermos metamorfosear coisa alguma?

A verdadeira dificuldade não está em pressagiar, mas em controlar as premências de futuros que acontecem durante o período entre o presente e o futuro agoirado, fazendo todos os requisitos necessários estarem coerentes para a sua concretização. As tendências anteriores, como *internet*, *cloud*, *mobile* e *big data*, têm suportado a metamorfose digital nas empresas e nas instituições de ensino nos últimos anos. No entanto, muitas organizações ainda tentam se adaptar a essa nova realidade de transmutação, mais célere em alguns setores e drasticamente morosa em outros, com ênfase no setor educacional. O fato é que não existem mais alternativas a não ser aceitar, adaptar e adotar os novos paradigmas provenientes das tecnologias e da inteligência artificial.

Meu cândido anseio, leitor, é de que a leitura deste livro não se afeiçoe tão somente como um regozijo, mas sirva de provocação e motivação para realizar o que prenunciei com o mesmo gáudio, entusiasmo e rigor com que sonhei, além de refletir, ponderar e tentar responder às difíceis indagações: como serão o trabalho, as ocupações, as profissões e a educação nos próximos 5, 10, 20 anos? Você deseja ser protagonista ou espectador das transmutações cognitivas que a tecnologia está propiciando?

Que tal, você aceita o desafio?

Rui Fava

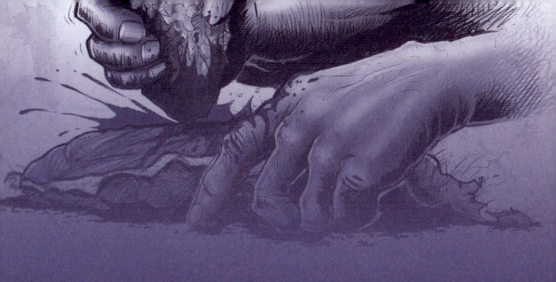

PARTE 1
PASSADO, PRESENTE, FUTURO

A mudança é a lei da vida, aqueles que apenas olham para o passado ou para o presente irão com certeza perder o futuro.

John Fitzgerald Kennedy
1917-1963

Capítulo 1

Substituição do esforço físico por instrumentos e ferramentas

Quando o mundo andava devagar, olhar para o futuro era uma arte mística, envolta em segredos, extraída de entranhas e, quase sempre, produto de incorretas profecias, divinamente inspiradas das Sibilas nos oráculos da Antiguidade.

Rui Fava
2012, p. 7

Os primeiros hominídeos a povoar a Europa eram caçadores com componentes de sofisticação, sistematização e conformação na maneira como se dedicavam a empreitada, farfúncia, labor. Não se tratava exclusivamente do indivíduo caçador, mas do homem trabalhador. Algumas das evidências dos primeiros instrumentos que auxiliavam nossos ancestrais em seus ofícios foram descobertas em sítios de pedreiras na Vila de West Sussex, em Boxgrove, no Reino Unido, há meio milhão de anos. Por exemplo, a destreza na idealização e no fabrico do biface não pode ser menosprezada, afinal o artesão necessitava realizar mais de seis movimentos e golpes cuidadosos, meticulosos e certeiros para moldar a ferramenta.

O biface tinha uma forma ovada com uma borda pontiaguda similar à de um disco afiado ao redor de todo o seu perímetro. Quando os arqueólogos de Boxgrove solicitaram a um magarefe que o utilizasse para cortar um pedaço de carne, os movimentos foram confortáveis. Ele notou que não precisava segurá-lo firmemente, evitando cortes em sua mão.

A destreza desses hominídeos deve ser enaltecida, afinal esses antepassados foram capazes de aplicar seus conhecimentos para realizar trabalhos, conceber instrumentos que os auxiliassem nos esforços físicos e edificar moradias que lhes dessem mais segurança e qualidade de vida. Houve tentativas e erros, como a ingenuidade de arquitetar casas a partir de ossos de mamute, demonstrando que essa arte tem uma longa e criativa história.

Quiçá a *especialização no trabalho* tenha se iniciado nesse momento com alguns indivíduos sendo designados como construtores. A habilidade de mineração se tornou tanto especializada quanto organizada quando, entre 3000 e 1800 a.C., os neolíticos construíram, em Grime's Graves, na Inglaterra, as minas de sílex, um tipo de rocha sedimentar silicatada, composta de quartzo criptocristalino, muito rígida, inflexível e resistente, com ressaltada densidade, utilizada para fazer machados de pedra polida. As minas também eram requestadas para se obter a *pederneira*, um tipo de sílex pirômetro capaz de produzir faíscas quando atritado, facilitando o acendimento do fogo, independentemente da altitude e do clima, até mesmo sob uma tempestade de neve.

Nessa época, a humanidade embarcou em alguns dos maiores empreendimentos da história. Fundaram Ur, importante cidade-estado na Suméria, na qual construíram o admirável templo de Ziggurat; a necrópole de Gizé, também denominada pirâmides de Gizé, assentada nos arredores do Cairo, Egito; as mais de 200 pirâmides de Meroé, muito menores, mas tão impressionantes quanto as irmãs egípcias; o *Stonehenge*, impressionante estrutura de pedra composta por círculos concêntricos, com cinco metros de altura, pesando próximo de 50 toneladas, localizado no condado de Wiltshire, na Inglaterra, que ainda hoje desperta curiosidade, exotismo, fascínio e embevecimento.

A construção desses monumentos sugere o surgimento das primeiras indústrias nas quais o trabalho se tornou um componente necessário de autorrealização. Não é devaneio acreditar que esses hominídeos poderiam ter constituído grupos pioneiros de colonização, ao terem incorporado o espírito mais hábil e aventureiro de seu tempo.

Subsequentemente, começaram a se fixar em regiões férteis e aprenderam a cultivar seus próprios cereais. Adquiriam conhecimento técnico e farta experiência no manejo de diferentes conformidades de materiais. Diferenciavam as particularidades dos animais e das plantas a serem ingeridos. Em algum momento de sua evolução, o caçador-coletor abandonou um estilo de vida nômade para o arranjo mais seguro oferecido pela agricultura de subsistência.

Quando tencionamos categorizar, estereotipar ou tipificar qualquer coisa, invariavelmente perdemos ou esquecemos algo. Abordamos o sombreamento sutil, a multiplicidade, a variedade e a diversidade que existe em quase todos os aspectos da vida. Muitos continuaram a caçar. Uns tantos vagaram nomadicamente para lavorar. Alguns fixaram raízes por um pouco mais de tempo, outros cravejaram vínculos e se instalaram em uma região pelo resto da vida. Esses estágios do comportamento evolutivo humano foram testemunhados pelos primeiros camponeses que vagavam, plantavam, colhiam e caçavam.

Quando se mencionam a Revolução Agrícola e a Revolução Industrial, está se aludindo a uma transmutação em grande escala nos estilos de vida, todavia, não necessariamente uma metamorfose exclusiva. A Revolução Industrial não aboliu os paradigmas da Revolução Agrícola, que não findou os costumes dos caçadores nômades.

Novos apetrechos passaram a ser arquitetados, imaginados e construídos, fazendo com que a transformação das pedras ganhasse maior sofisticação. Paralelamente, as primeiras manifestações religiosas começaram a se desenvolver junto com a gênese das primeiras divindades. Ao longo de 12 mil anos, a agricultura desabrochou e foi disseminada por toda a Europa nos 6 mil anos subsequentes. O senhorio, o domínio e a proeminência de técnicas agrícolas encetaram um novo preceito, um padrão de vida calcado na disponibilidade regular de alimentos. Os grupos nômades fixaram-se em regiões com terras prolíficas e férteis disponíveis e edificaram as primeiras moradias de barro, pedra e madeira. Concomitantemente, a amestração, a domesticação e o adestramento de animais começaram a ser executados.

De acordo com pesquisas científicas, as preambulares comunidades que subsistiam da agricultura, da pecuária, da roça, da criação e do pastoreio brotaram nas extensões de terras entre os rios Nilo, Tigre e Eufrates, região nominada *crescente fértil*, na qual pequenas famílias formavam clãs que, com seu incremento populacional, originaram as primeiras turbas da região.

De início, não dispunham de um líder específico, de modo que as decisões eram tomadas coletivamente. Subsequentemente, passaram a ser maneadas por um patriarca, que garantia a proteção contra possíveis ataques de outros povos. Não havia divisão social na faina existente: o preparo, o plantio e a colheita eram executados por todos os indivíduos da comunidade. A economia tinha um caráter eminentemente de sustentação, subsistência, sobrevivência, impossibilitando o acúmulo de excedentes.

Com o passar do tempo, a destreza, o *know-how* e as técnicas de manejo e de cultivo foram se tornando mais compósitas, híbridas e complexas. A compreensão, a afinidade e o domínio sobre os períodos de chuva e estiagem, os métodos de irrigação e o esforço físico foram substituídos por instrumentos para debruar, lavrar, cavar, preparar, condicionar, mover, carregar, transportar materiais do solo, semear, plantar, irrigar, podar, colher, debulhar, peneirar, selecionar, secar, moer e, depois, comer.

Provavelmente tenha surgido no Egito em 6000 a.C. o arado, a primeira ferramenta para mobilização do solo. Foi uma das grandes invenções da humanidade, por permitir a produção crescente do volume de alimentos e o estabelecimento de populações estáveis. Inicialmente era propelido pelo homem, todavia, com a invenção do arreio, o arrasto foi substituído pela força animal libertando o homem da árdua empreitada. Com a eflorescência do ferro, as ferramentas agrícolas foram melhoradas, aumentando a produtividade das lavouras, acarretando excedentes, emergindo os primeiros escambos comerciais. Irrompe, então, as preambulares diferenciações socioeconômicas no interior dessas coletividades.

O crescimento populacional e a decadência da fertilidade do solo, usufruído por ininterruptas, sequentes e sucessivas culturas, ocasionou, entre outras adversidades, a escassez de alimentos. Adotou-se, então, o sistema de giro de culturas e rotação de áreas, ou seja, a alternância de terras descansadas, ainda não cultivadas. Emerge um importante princípio para a época: o *nomadismo*. O nomadismo consiste em práxis nas quais os camponeses vagueiam por diferentes torrões. Nesse processo de locomoção, as comunidades usufruíam dos recursos mimoseados pela natureza até se exaurirem. Com o esgotamento da fertilidade da terra, deslocavam-se para outras regiões que ofereciam as condições necessárias para a subsistência.

Para o trabalho árduo do campo, surge a prática social em que um ser humano assume direitos de propriedade sobre outro, particularizando legalmente um indivíduo como uma mercadoria possível de comercializar. Nas civilizações clássicas, como Grécia e Roma, a escravidão era a forma mais comum de trabalho manual. Mesmo a lide qualificada, como a de médico e professor, muitas vezes era executada por escravos. Entretanto, o maior uso do trabalho cativo estava na agricultura, uma característica comum, inclusive no Brasil Colônia.

Os escravos eram tratados com severidade, rigidez e inclemência, muitas vezes acorrentados, chicoteados, sujeitos a abusos físicos. Isso os tornava infelizes, levando-os a promover inúmeras insubordinações. Espártaco (109-71 a.C.), um gladiador de origem trácia, liderou a mais célebre revolta na Roma Antiga, com cerca de 40 mil escravos, conhecida como *Terceira Guerra Servil* ou *Guerra dos Escravos*, em 73 a.C.

No Brasil Colônia, o homem negro configurava fonte de riqueza, tanto para quem vivia do seu tráfico quanto para quem usufruía de seu trabalho. Do século XV ao XIX, foram arrestados, degredados e sequestrados da África cerca de 5,5 milhões de indivíduos, conforme mostra a **Figura 1.1**. Recife, Salvador e Rio de Janeiro foram os maiores núcleos receptadores de negros no Brasil.

Qualquer ato de denegação, contestação ou rebeldia era punido com diversificados tipos de flagelo, suplício e tortura. Alguns eram colocados no *vira-mundo*, instrumento de ferro em que as mãos e os pés ficavam amarrados. Em outras ocasiões, recebiam açoites com um chicote de couro cru, denominado *bacalhau*. As rebeliões eram punidas com a castração, a amputação de seios e a quebra de dentes a marteladas. Suas condições de trabalho nas minas, onde a longevidade de um escravo girava entre 2 e 5 anos, chegavam a ser piores do que nos canaviais.

Tal tirania, despotismo e opressão geraram resistências, revoltas e insurreições. As fugas, as cartas de alforrias e as formações de quilombos eram maneiras de lutar pela liberdade. O *banzo*, um sentimento de melancolia, saudade da terra natal e de aversão à privação da liberdade, também conhecido como *nostalgia da África*, foi uma manifestação de revolta, levando o negro a uma profunda depressão, recusando-se a comer, definhando até a morte.

O mais famoso reduto de luta escrava no Brasil se deu no Quilombo dos Palmares (1660-1695). Inicialmente liderados por Ganga Zumba, posteriormente por Zumbi, formaram em Alagoas e no Sul de Pernambuco um verdadeiro Estado livre. Em 1690, chefiados pelo bandeirante português, nascido na colônia do Brasil, Domingo Jorge Velho, especialista em massacre de escravos, os lusos fizeram um cerco na tentativa de vencer os rebeldes pela fome. Não conseguindo, Jorge Velho mudou de tática, distribuindo entre alguns de seus escravos roupas de homens mortos contaminada pelo vírus da varíola e deixou que fugissem para os Quilombos, onde involuntariamente espalharam a doença. Isolados, sem alimentos e doentes, os negros de Palmares foram completamente aniquilados em 1695. Zumbi

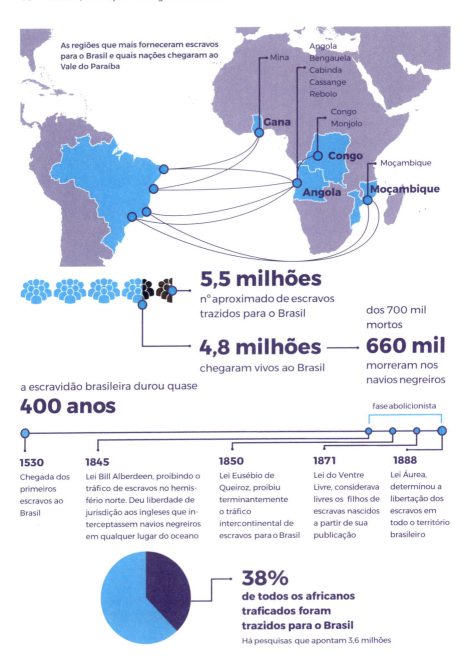

Figura 1.1 | Infográfico da movimentação de escravos no Brasil Colonial.

foi capturado um ano depois, teve sua cabeça cortada e exposta em praça pública em Olinda.

A escravidão no Brasil foi tão perniciosa quanto o Holocausto, prática de perseguição política, étnica, religiosa, sexual, aprazada no governo nazista de Adolf Hitler. Em 11 anos do período ditatorial (1934 até 1945), Hitler autorizou o extermínio de cerca de 6 milhões de judeus. Nos 400 anos de escravatura, cerca de 5,5 milhões de indivíduos foram sequestrados e trazidos para o Brasil como escravos. Destes, 660 mil morreram nas viagens dos navios negreiros, os demais morriam rapidamente nos canaviais e nas senzalas. Os escravos nunca foram inimigos de alguém. Esse genocídio também não era parte de uma guerra, os escravos foram tão somente classificados como mercadorias. Uma situação tão desonrosa, ignóbil e vergonhosa quanto o Holocausto.

A escravidão no Brasil é uma mancha deixada pelo colonialismo tirano de Portugal, que nunca será esquecida e totalmente apagada. Ainda hoje, encontram-se vestígios dessa fase excruciante, como o *Cais do Valongo*, localizado na zona portuária do Rio de Janeiro, que recebeu em 2017 o título de Patrimônio Histórico da Humanidade pela Organização das Nações Unidas para a Educação, a Ciência e a Cultura (UNESCO), por ser o único vestígio material do impudente ingresso dos africanos escravizados nas Américas.

O bairro do Pelourinho, em Salvador (BA), é mais uma personificação dessa época. Na verdade, *pelourinho* era um instrumento de punição legal utilizado pelos lusitanos. Era um poste de madeira ou pedra, com argolas de ferro, erguido em praça pública, para punição, tortura e martírio, no qual os infratores da lei eram amarrados, chicoteados e mortos. O lado afável, profícuo e positivo, se é que se pode considerar assim, foi a influência da venerável, magnífica e encantadora cultura africana na religião, na comida, na música e, notadamente, na miscigenação do povo brasileiro com a origem de venustas mulatas, airosos mulatos.

Mais importante que o conceito de escravidão, quiçá, seja o conceito de liberdade. Somente quando se entende o que é ser livre, pode-se determinar a condição de escravo. Os gregos apresentavam três elementos de liberdade inscritos nas paredes do Oráculo de Delfos, um grande local sagrado dedicado ao deus Apolo, ao qual os cidadãos recorriam para se aconselhar com as ninfas e as musas e dirimir suas dúvidas, ansiedades cotidianas, questões de guerras, vida sentimental, defesa da liberdade, entre outros:

1. O homem livre pode se recusar a ser sujeito à apreensão e à prisão.

2. O homem livre pode fazer o que desejar.

3. O homem livre pode ir aonde quiser.

Evidentemente todos esses fatores precisam ser interpretados dentro dos limites da moral, da ética e da lei.

Essas sociedades escravocratas não foram e não eram sustentáveis, e, provavelmente, esse tenha sido um dos principais ingredientes para a queda do Império Romano. Os cidadãos de Roma perderam qualquer ética, cânone e princípios morais no trabalho. Seus estilos de vida eram em tal grau corrompidos, tão hedonistas, que já não estavam capacitados para defender seu império fragilizado. Não obstante a sofisticação avançada em termos de administração, tratava-se de uma civilização notável, mas espiritual e moralmente obsoleta.

Felizmente, a história propicia registros bons e ruins. Depois de mais de um século de mistério, um grupo de cientistas da Universidade de New South Wales (UNSW), liderados por Dr. Daniel Francis Mansfield e Norman Wildberger, descobriram a utilidade de uma antiga placa de argila da Babilônia que ostenta inscrições de mais de 3,8 mil anos. Trata-se da mais antiga *tábua trigonométrica*, provavelmente utilizada para realizar cálculos na construção de palácios, templos, estradas e canais.

O astrônomo, cartógrafo e matemático grego da escola de Alexandria, Hiparco (190-120 a.C.), é considerado o *pai da trigonometria*. A trigonometria (*trigono*: triângulo; *metria*: medidas) é o campo da matemática responsável pela relação entre os lados e os ângulos dos triângulos. Nos triângulos retângulos, as relações constituem os chamados ângulos notáveis (30°, 45°, 60°), que têm valores constantes, representados pelas relações *seno, cosseno* e *tan-*

gente. A descoberta revela que os babilônios já haviam desenvolvido uma sofisticada trigonometria 1.500 anos antes dos gregos.

Nessa época, não havia escolas; no entanto, apesar de rudimentar, existia educação. O conhecimento, a cultura e as habilidades eram disponibilizadas por meio das práxis, do costume e do hábito. Enquanto se ensinava, aprendia-se por meio da metodologia de imitação. Não havia preocupação com as técnicas de ensinar, mas com a proximidade do grupo. Nesse contexto, utilizava-se alguma metodologia de ensino e de aprendizagem, que consistia em motivar os jovens aprendizes a reproduzir o que os mais velhos faziam, assemelhar-se a eles e imitá-los. Existiam as liturgias de iniciação; todavia, do ponto de vista antropológico, tais ritos não se caracterizavam como um processo protocolar de educação, mas como mecanismo cultural específico de cada agrupamento humano.

O sustentáculo da sociedade agrícola estava na família, responsável pela conservação dos bens e pelo amparo mútuo, em um mundo em que era penoso sobreviver à parte, isoladamente. A vivência era pública, partilhada e coletiva. A família não tinha incumbência afetiva, o que não significa que o amor estivesse ausente.

Nesse tempo, havia muito sofrimento, penúria e infortúnio. Falecia-se muito cedo. No cotidiano, as pessoas viviam, na maioria, em habitações partilhadas com parentes, congêneres ou vizinhos que frequentavam e residiam no mesmo espaço em condições promíscuas. No mesmo cômodo onde se comia, também se dormia, trabalhava e divertia. Era infactível se apartar para praticar qualquer tipo de intimidade.

Com o advento da escola contemporânea, no final do século XVII, as circunstâncias se alteraram para melhor. A escola adotou os processos de ensino e de aprendizagem como meios de educação. A criança não necessitava mais ser miscigenada, amalgamada, misturada aos adultos para estudar e aprender. A família passou a ter atribuições na formação moral, ética e espiritual. A reorganização, a renovação e a reforma dos costumes proporcionaram maior espaço para a intimidade. A família foi abreviada sendo

PRINCÍPIOS DA REVOLUÇÃO AGRÍCOLA
Patriarcalismo
Artesanalidade
Generalidade
Emotividade
Religiosidade
Estética
Nomadismo

constituída pelos pais e filhos. O alvo de inquietações passou a ser a saúde e a educação, a carreira e o futuro dos pupilos.

Com a vida familiar mais afetiva, a *emotividade* aflorou como um dos importantes princípios da Revolução Agrícola. Por emotividade, entende-se a intensidade das reações efetivas. Considera-se tanto a maestria, a sapiência, a capacidade de se expressar perante situações que, para muitos, seriam inofensivas. O emotivo tende a aguçar-se, agitar-se, comover-se e esmerar-se por ocorrências que, explicitamente, não justificariam tornar-se tão significativas. Todos podemos nos emocionar em certas circunstâncias, razão pela qual a melhor forma de conhecer o vigor das próprias emoções ou das dos outros é considerar a desproporção que pode existir entre o fato real e a intensidade da emoção. A empatia passa a ser fundamental.

Conceitualmente, empatia é a aptidão, o acúmen, a arte de se posicionar no lugar do outro por meio da imaginação, compreendendo seus sentimentos, seus sonhos e suas perspectivas, utilizando essa compreensão para guiar a própria ação. A necessidade de desenvolver empatia está no cerne do esforço para encontrar soluções para anomalias sociais como violência, intolerância com as minorias, abusos dos direitos humanos, rótulos, reconhecimento da própria individualidade, humanidade, paradigmas e modelos mentais.

Com a emotividade segue também a *religiosidade*. O medo do desconhecido e a necessidade de dar sentido à vida e ao mundo que o cerca levaram o homem a buscar crenças que o ajudam a compreender o significado último de sua própria natureza. Mitos, superstições e ritos mágicos tecidos em torno de uma existência sobrenatural, inatingível pela razão, equivaleram à crença em um ser superior e ao desejo de comunhão com Deus.

Na Grécia Antiga, as divindades eram representadas por seres com sensações e feições humanas. Os sentimentos tinham fúria, emulação, hostilidade, raiva, ciúme, benevolência, fascínio, ternura, amor, ou seja, muitos dos comportamentos da vida cotidiana grega eram justificados pelas atitudes dos deuses. Em Roma não era diferente a relação com os deuses. Marte, o deus da guerra, era referenciado, venerado e adorado. Em seu nome, muitos vilarejos, povoados e tribos foram dizimados, outros escravizados. A crença proporcionava uma limpeza da consciência aos cidadãos que se beneficiavam desse modo de vida.

O cristianismo se potencializou como religião cardinal do Império Romano a partir do século III, mantendo a necessidade de controle do povo e dos indivíduos. Sem dúvida, até nossos dias, as religiões são mecanismos de aglutinação, controle, coesão e manipulação dos grupos sociais. Todavia, isso não exprime que as crenças não tenham sua valência; ao contrário, a fé motiva e proporciona sentido à vida. O incômodo está nas seitas que levam o indivíduo ao facciosismo, à cegueira, ao fanatismo, retirando deste a liberdade de escolha, inclusive com exploração financeira.

Em todas as fases da humanidade, inquestionavelmente a fé foi essencial para que as pessoas encontrassem algo em que acreditar e que servisse de guia, um espelho do certo e errado, do fazer e do não fazer,, do que poderá ter êxito ou não. Atualmente, o nome de Cristo é uma das necessidades e, ao mesmo tempo, uma das empresas que mais gera lucro, o que não significa uma generalização das seitas, mas, sim, uma tendência de mercantilização da fé.

São legítimas as fés islâmica, cristã e budista, todas direcionam a humanidade para o bom caminho, para um mundo mais respeitável, digno, justo e belo, o que as diferencia são os interesses político-econômicos de pastores, dirigentes e políticos que deturpam a doutrina, os princípios e os ensinamentos de cada religião. Todavia, o princípio da *religiosidade* ainda é fundamental para manter as esperanças e os sonhos de toda uma coletividade bombardeada por uma sociedade altamente materialista.

A *estética corporal* também era um princípio importante dessa época, uma vez que ajudava na **automotivação**, ou seja, nos impulsos que levavam a agir com entusiasmo, felicidade e prazer. O conceito da estética como beleza não era apenas uma expressão, uma imagem ou uma aparência ilusória, mas servia aos bons propósitos.

No século IV a.C., a *aesthesis* (estética) era defendida por Platão, fundador da *Academia de Atenas,* a primeira instituição de educação superior do mundo ocidental, um dos construtores da ciência e da filosofia natural. Para o filósofo educador, "[...] o belo é o bem, a verdade, a perfeição, existe em si mesma, apartada do mundo sensível, residindo, portanto, no mundo das ideias. A ideia suprema da beleza pode determinar o que seja mais ou menos belo" (PLATÃO, 2012, p. 526).

Na Idade Média, cientistas, artistas e eruditos estavam convictos de que o que era autêntico, fidedigno e verdadeiro não poderia ser feio. É comum entre os intelectuais os relatos de que a elegância de uma teoria lhes fornece um primeiro prenúncio, indício de sua correção.

O matemático alemão Hermann Klaus Hugo Weyl (1885-1955) sustentou uma hipótese refutada sobre a gravidade, apenas porque sua fórmula lhe parecia airosa, encantadora, garbosa e bela. Posteriormente, a intuição de Weyl provou-se correta, sendo o conceito matemático reconhecido por estudiosos da eletrodinâmica quântica.

Certamente uma das descobertas mais importantes da ciência foi a da estrutura do DNA, que permitiu revelar o segredo da origem da vida. Tratou-se de uma descoberta na qual a estética teve papel fundamental. Crick e Watson, os descobridores, em contraste com outros cientistas, dedicaram importância à elegância das formações. Em carta para o filho, Crick, emocionado, divide a sua descoberta:

> [...] Jim Watson e eu provavelmente fizemos uma importantíssima descoberta. Construímos um modelo da estrutura do ácido de-so-xi-ribo-so-nucléico (leia com atenção) chamado de forma abreviada de DNA... A nossa estrutura é muito bonita. (MASI, 1999, p. 355).

Watson, informando da evolução do seu trabalho com Crick ao seu amigo Max Ludwig Henning Delbruck, cientista alemão que ajudou a lançar o programa de pesquisa em biologia molecular, expressa-se com uma linguagem muito pouco peculiar na comunicação entre cientistas: "[...] hoje estou muito otimista, porque acredito ter um modelo muito gracioso, tão gracioso que me surpreendo por ninguém ainda ter pensado nele até agora" (MASI, 1999, p. 355).

Anos depois da descoberta, Crick escreve:

> Em vez de afirmar que foram Watson e Crick os criadores da estrutura do DNA, eu preferia destacar como foi a estrutura do DNA que criou Watson e Crick. Afinal de contas eu era quase completamente desconhecido, e Watson, na maior parte dos ambientes científicos, era considerado pouco brilhante para ser digno de confiança. O que eu acredito que falta em todos esses discursos é a beleza intrínseca da hélice dupla do DNA. É a molécula dupla do DNA. É a molécula que tem estilo, ao menos quanto aos cientistas. (MASI, 1999, p. 355).

Francis Harry Compton Crick aos 21 anos obtém o diploma de física, e James Dewey Watson com apenas 16 anos ingressa na Universidade de Chicago, onde o "Programa Hutchins" oferece a jovens inteligentes, brilhantes e talentosos a possibilidade de se formar antecipadamente. Com apenas 19 anos, Watson diploma-se em ciências biológicas.

O fato de ambos darem prioridade total à estética da estrutura do DNA anula os 12 anos de diferença de idade entre os dois e cria um clima de convivência e cumplicidade entre os 23 anos do Dr. Watson e os 35 anos do Sr. Crick, ainda engajado na época em lograr o seu PhD. Tal diferença transforma a dupla em motivo de asteísmo, escárnio e ironia dos demais cientistas. Crick comenta o tema:

> Max e John (Perutz e Kendrew) vieram até nós certo dia e disseram: Bem, já decidimos o que fazer com aquela sala: vamos colocar nela você e James para que possam conversar à vontade sem nos perturbar! É evidente que naquela época já tínhamos ganho a fama de estarmos sempre a conversar juntos. (MASI, 1999, p. 353).

Com muita vontade de colaborar um com o outro, da capacidade de compartilhar e de desfrutar o melhor possível da pluralidade das competências aflora a importância dada à descontração, à espontaneidade e à informalidade do relacionamento. Fica difícil imaginar Crick e Watson apenas como dois colegas; mais que isso, foram dois amigos que passaram muito tempo juntos, que não distinguiram tempo livre do tempo de trabalho: as festas, as reuniões, as refeições, os domingos, os laboratórios. O fato é que a essencialidade proporcionada à estética, uma união contagiante e o trabalho compartilhado nortearam a determinação da estrutura do DNA, além do aumento da evidente relevância da ação dos dois artífices da descoberta.

Na Revolução Agrícola, o trabalho é artesanal. Um obreiro construía seu produto do início ao fim. Era um *generalista* que fabricava por meio de um processo manual, com auxílio de ferramentas que substituíam o esforço físico. A profissão requeria habilidades e conhecimentos de fundamentos teórico-práticos. No período que antecedeu a Revolução Industrial, esse conhecimento generalista estava associado a guildas ou corporações de ofício.

As guildas eram corporações importantes na evolução dos ofícios porque regulavam não somente o trabalho em si, mas também ajudavam a manter a ordem e as remunerações estáveis, evitando que indivíduos ególatras tentassem tirar vantagens em benefício próprio. Somente o mestre da arte poderia efetivamente ensinar o mistério de seu talento. A palavra "mistério" foi introduzida deliberadamente porque deriva da palavra latina *misterium*, que significa "habilidade profissional".

A evolução no *status* do trabalho foi lenta, às vezes quase imperceptível. Na medida em que, nos séculos XV e XVI, a servidão iria paulatinamente desvanecendo, houve frequentes tentativas dos senhorios em tirar proveito e ganhar dinheiro com essa transmutação de *status*, mas os seus poderes de controle estavam diminuindo. Os serviçais, servos e escravos admitiam cada vez menos serem submissos, caudatários e subjugados; iniciava-se, assim, a era do emprego remunerado.

Indubitavelmente, princípios da Revolução Agrícola como estética, fantasia, emotividade, religiosidade e nomadismo, além de um profundo conhecimento dos fundamentos de várias áreas de conhecimento, eram essenciais para o sucesso profissional da época de produção artesanal, em que o empreendedorismo individual era *sine qua non* para a sobrevivência. Não muito diferente do que estamos vivenciando hoje com o advento da fase da automação e da inteligência artificial, que está substituindo todo o trabalho preditivo, requerendo indivíduos versáteis, generalistas, com amplitude, mas, ao mesmo tempo, especialistas, com conhecimento profundo de diversos assuntos.

Capítulo 2

Substituição do trabalho físico por máquinas mecanizadas

Todas as revoluções se evaporam e deixam atrás de si apenas o limo de uma nova burocracia.

Franz Kafka
1883-1924

Em toda a história da Revolução Agrícola, o alvo sempre foi melhorar a produtividade na roça. Esse avanço tornou-se mais evidente no momento em que houve a substituição do trabalho físico por máquinas mecanizadas que eliminou a maioria das atividades braçais. As novidades emergiram em decorrência da Revolução Industrial, no século XVIII, que não somente engendrou indústrias em burgos urbanos, mas potencializou tecnologias que foram legitimadas, abraçadas e aplicadas à agricultura. A mecanização na gleba adotou ferramentas que substituíram o trabalho no campo ou simplificaram suas atividades. A tecnologia aumenta a produção, auxilia o produtor a preparar o solo para a plantação, faz a manutenção da lavoura e revoluciona o plantio e a colheita com operações rápidas, eficientes e mais produtivas.

Os historiadores colocam rótulos em certos períodos da humanidade, como Idade das Trevas, quando se referem à Idade Média, época que enfatiza a deterioração cultural, política e econômica que ocorreu na Europa. Esse período foi consequente da queda do Império Romano, da Reforma Protestante – inquietação ocorrida no início do século XVI, quando Martinho Lutero divulgou suas 95 teses na porta da Igreja do Castelo de Wittenberg, propondo uma reforma no catolicismo romano – e do Renascimento, importante movimento de ordem artística, cultural e científica que se deflagrou na passagem da Idade Média para a Moderna.

Não é irracional para a nossa geração desafiar tal rotulagem e sugerir que a evolução progressiva não deve ser colocada em caixas. Entretanto, a história é pontuada por eventos. Lutero talvez não tenha começado a Reforma, mas ele mostrou que havia algo no ar. Experimentamos esse mesmo reconhecimento quando olhamos para as magníficas obras artísticas de Michelangelo, Leonardo da Vinci, Rafael e Van Gogh. Era como se esses gênios, a seu modo, tivessem experimentado momentos de compreensão tão profundos como o que provocou o salto animado de Arquimedes de sua banheira, exclamando "Eureka".

Certamente também havia algo grandioso com as descobertas de James Watt, e com as invenções e suas aplicações dos inovadores têxteis, como John Kay, Richard Arkwright e James Hargreaves. Esses protagonistas promoveram uma mutação tão palpável que foi assustadora, emocionante e extraordinária. O mundo nunca mais foi o mesmo, *o trabalho físico foi substituído por máquinas mecanizadas*. Mais do que isso, estavam criando o emprego formal, como foi reconhecido nos próximos três séculos.

A forma de trabalhar estava se modificando, quase que imperceptivelmente, de um trabalho que necessitava ser feito para algo que começava a ser percebido como uma fonte constante de emprego e de renda empacotada pelos parâmetros do tempo. Os operários ainda não haviam percebido, mas o relógio aumentou sua importância, tanto no que diz respeito à duração da jornada de trabalho quanto na proporção do salário a ser auferido.

As primeiras máquinas de fiar que forneciam cordões para tecelões de teares manuais foram direcionadas para o trabalho doméstico. Posteriormente, máquinas maiores foram instaladas nas fábricas, o que permitia que uma mulher ou uma criança controlasse a fiação. Iniciava-se, então, um dos grandes traumas deixados pela Revolução Industrial, o trabalho forçado de crianças e adolescentes.

Com a alegação de que tinham mais habilidade para lidar com o fio de seda fina, crianças a partir de 5 anos foram levadas de casas pobres para trabalhar nas manufaturas. Muitas eram roubadas, outras vendidas pelas próprias famílias. Trabalhavam em condições miseráveis, 12 horas ininterruptas, muitas vezes viam pouca ou nenhuma luz do dia durante semanas a fio.

O trabalho infantil foi uma alternativa barata e eficaz a um problema posto por uma das novas tecnologias, em um momento em que a sociedade não estava preparada para reagir às implicações sociais dessas mutações. Não foi a primeira vez, nem a última, que a coletividade e os legisladores responderiam lenta ou inadequadamente às metamorfoses sociais resultantes da evolução tecnológica. Certamente isso está acontecendo nesse momento com o espantoso, assombroso e incrível desenvolvimento da inteligência artificial.

Chamados socialistas utópicos, alguns empresários mais intelectualizados se rebelaram contra esse mal e deram os primeiros passos no desenvolvimento das teorias socialistas. Representantes como Saint-Simon, Charles Fouier, Louis Blanc, Robert Owen, similar ao trabalho coletivo da fase primitiva, tutelavam a construção de uma sociedade ideal, com a possibilidade de concepção de uma organização nas quais as classes sociais vivessem em harmonia ao buscarem interesses comuns que estivessem acima da exploração humana. Eram vigorosamente calcados nos princípios do Iluminismo, movimento filosófico, cultural, político, social e econômico que defendia o uso da razão como o melhor caminho para alcançar a liberdade, a autonomia e a emancipação.

Salvaguardavam a construção de escolas alegando que a população ganharia liberdade se fosse educada, idealizaram a Enciclopédia – impressa entre 1751 e 1780 – obra composta por 35 volumes, na qual estava resumido todo o conhecimento existente até então. Todavia, continuaram a buscar alternativas para as contradições geradas no interior do pensamento capitalista, não teciam críticas radicais, pois, apesar das abnormidades, das lucubrações e da exploração de camponeses, mulheres e crianças, patrocinavam a manutenção de muitas das práticas primárias do capitalismo.

Robert Owen transformou-se em um dos mais importantes socialistas, mediante a criação de várias comunidades industriais utópicas. Suas ideias e seus conceitos estruturariam o local de trabalho de uma forma inconcebível. Preocupou-se ainda com a qualidade de vida de seus empregados. Construiu casas e escolas, concebeu a primeira cooperativa e abriu empórios, lojas e armazéns onde as pessoas podiam comprar mercadorias de qualidade a preço módico. Promoveu o estrito controle das bebidas alcoólicas, reduzindo o vício e o crime, fundou o primeiro educandário maternal britânico, no qual as crianças, em vez de irem para as fábricas, iam para a escola.

Na linha de produção, implementou o *Silent Monitor*, que consistia de um bloco retangular de madeira com quatro lados suspenso perto de cada trabalhador. Cada lado foi pintado de uma cor: branco, amarelo, azul e preto. Qualquer que fosse a cor virada para a frente, representava uma avaliação da conduta do indivíduo no dia anterior. O branco denotava *excelência*; amarelo indicava *moderação*; azul, representava *neutro*; preto, assinalava *excessivo mal-estar*.

A preocupação do *Silent Monitor* com o comportamento evoca a preeminência romana pela lealdade e obediência. O comportamento, ou o que as escolas chamariam de *conduta*, tem sido enfatizado persistentemente em qualquer local onde o controle tenha sido uma característica proeminente da administração. Paralelos modernos podem ser desenhados: a forma como alguns operadores de *call center* são monitorados em conversas telefônicas; nas escolas, onde a obediência, o controle e a disciplina dos estudantes são diligenciados em todas as suas atividades.

A automação no setor manufatureiro e nos serviços advindos da mecanização criou novos empregos, aumentou a produtividade do operário e proporcionou recém-adquiridas oportunidades – afinal, à medida que as máquinas eram utilizadas, necessitava-se de trabalhadores que as operassem. Por outro lado, aflorou-se a necessidade de novas habilidades, novos conhecimentos, alterando todo o sistema educacional, que antes era individualizado e agora passa a ser coletivo, com o objetivo intrínseco de treinamento, sem a preocupação com o pensar, sentir, agir, discernir, escolher.

A Revolução Industrial foi um conjunto de mutações ocorridas nos séculos XVIII e XIX que provocou a comutação do trabalho artesanal pelo assalariado, devido à utilização das máquinas mecanizadas. A consequência foi uma metamorfose na estrutura social, de ordem econômica, política, cultural e educacional, afetando profundamente a vida das pessoas, que ficaram desnorteadas, perderam identidade e passaram por um processo bárbaro, desumano e cruel de alienação, tornando o operário tão somente um acessório da máquina que executava operações simples, monótonas, fáceis de aprender, uma vez que não era preciso ter conhecimento, apenas habilidade e adestramento.

O artesão perde o domínio da gestão do processo de produção; agora, o operário é quem deve se adaptar ao método de fabricação e não mais o contrário. A quantidade, o ritmo, a qualidade, o tempo e, inclusive, o sistema de educação, tudo é delimitado, definido e determinado pela máquina. O trabalhador encontra-se sob um novo ditame organizacional. O mundo se assentou à beira de um amplo processo de metamorfose, exigindo novos arquétipos, outros paradigmas, renovados modelos mentais, púberes cânones, mais racionais, lógicos e congruentes. A educação passou a ter o objetivo de ofertar um ensino mais técnico, capaz de garantir mão de obra habilitada, treinada e disciplinada para atuar em favor do crescimento industrial.

Frederick Winslow Taylor (1856-1915), engenheiro norte-americano, foi quem concebeu os princípios da Segunda Revolução Industrial que demarcaram a maneira de se comportar, trabalhar e estudar. Era um homem nascido para seu tempo e para seu país. Trabalhador ansioso para aprender, fascinado pelos detalhes, Taylor não poderia ter encontrado uma melhor família para a sua formação. O pai era um Quaker, grupo protestante religioso conhecido pela defesa do pacifismo, da simplicidade e de uma vida espartana, dedicada ao trabalho. Poucos poderiam ser mais impregnados com a ética do trabalho como ele. Não fumava nem bebia, evitava café e chá, os quais considerava estimulantes desnecessários.

Os Estados Unidos aprenderam rapidamente os segredos da fabricação de têxteis e de todas as outras tecnologias emergentes na Revolução Industrial. Todavia, foram os processos desenvolvidos na metade do século XIX que levaram o país a uma posição de liderança mundial que ocuparia até nossos dias.

Assim como a indústria têxtil tornou-se uma indústria de transformação quando Richard Arkwright e seus contemporâneos dominaram a mecânica e a organização do sistema fabril de fiação, o aço se tornou a indústria quando Taylor principiou a aplicação de seus conceitos nas siderúrgicas de Midvale e nas indústrias do subúrbio de Filadélfia a partir de 1878.

A preocupação de Taylor com a produtividade de cada indivíduo já estava na fronteira da obsessão. O maior obstáculo era a falta de conhecimento técnico, a incapacidade de contradizer uma ideia que não funcionaria. A única forma de superar esse obstáculo era entender o processo metalúrgico mais intrinsecamente e realizar uma boa seleção e recrutamento. Salientava que: "Uma das responsabilidades fundamentais da gestão científica era encontrar o operário mais rápido, disciplinado, competente para o trabalho" (TAYLOR, 2016, p. 23).

Enquanto os princípios da sociedade industrial propostos por Taylor persistirem, não perderemos a percepção de que o trabalho humano pode ser estudado, analisado e melhorado sistematicamente. Os novos princípios são opostos aos preceitos orientadores da Revolução Agrícola. O primeiro foi o de *padronização*: produzir produtos e serviços similares, sem se importar com diferenças, é mais acessível, descomplicado e rápido. É isso que preconizava Henry Ford, que elevou ao mais alto grau o princípio fundamental da Segunda Revolução Industrial, que é a fabricação de produtos não diferenciados em grande quantidade. Tecnicamente, para alcançar a padronização, Ford deu início à utilização do mesmo sistema de calibragem para todas as peças em todo o processo de manufatura.

Na fabricação em massa, o produto é segmentado em partes, e o processo de manufatura é fracionado em etapas. Cada fase do processo equivale à montagem de um quinhão do artefato. Qualquer pessoa tem uma única tarefa prefixada na linha de montagem. Na escola, as matrizes curriculares também são divididas em partes. Cada seção corresponde a uma disciplina isolada que será ministrada em sequenciamento preestabelecido pela escola, e o aluno não participa da escolha, tão pouco do tempo. Os conteúdos, baseados em uma ementa proposta pela academia, são elegidos pelo professor, muitas vezes seguindo o sumário de um livro. Os estudantes devem se sentir iguais e ser tratados como congêneres uns dos outros. Significa que a sala de aula deve ser vista como homogênea, que o aprendizado de um deve ser o mesmo de outro. Essa padronização pressupõe indivíduos análogos.

A complexidade disso atualmente é o fato de que, quando se trata das gerações Y e Z, está cada vez mais difícil encontrar homogeneidade. Não há sequer a padronização de comportamento social que se observou nas gerações anteriores. Os jovens da geração X, por exemplo, tinham ideias e desejos mais correlatos, símiles, análogos uns com os outros, pois os problemas sociais, políticos e econômicos afetavam a todos praticamente da mesma maneira.

A padronização ocorreu pelo incitamento das ideias de Henry Ford, que modificaram todo o pensamento da época. Foi por meio delas que se desenvolveu a mecanização do trabalho, a produção em massa, a estandardização do maquinário e dos equipamentos, e, por consequência, dos produtos e serviços. Também houve vigorosa segregação do trabalho manual em relação ao trabalho braçal. Ao operário não carecia de refletir, raciocinar ou incidir, demandava apenas executar suas atividades com o mínimo de movimentação possível. A escola começou a ter a função de treinar, disciplinar e sincronizar, e não de desenvolver o pensar, o sentir, o discernir.

Entretanto, para alguns precursores, padronizar não significava abster-se da criatividade. Michael Thonet, nascido em Boppard, pequena cidade da Prússia, no dia 2 de julho de 1796, era filho da própria época, mas vanguardista de novos tempos, prógono manufatureiro que melhor testifica o traço preponderantemente individual de criatividade que se evidencia na Primeira Revolução Industrial. Inventor da máquina de fabricar móveis de madeira curvada, desenvolveu uma produção em série, barata, esteticamente bela, suscitando o "estilo austríaco" para cadeiras que eram, em grande quantidade, exportadas e imitadas.

Sua carreira teve início em 1819 ao inaugurar sua marcenaria e entalhadura, tornando-se especialista na confecção de pavimentos de madeira marchetada com detalhes decorativos para serem aplicados em móveis tradicionais. Criou uma das primeiras cadeiras fabricadas no sistema de produção em massa da história, com cerca de 60 milhões de exemplares. A cadeira de representação intemporal abriu portas para o desenho em série e o mobiliário moderno.

A curvatura era alcançada posicionando os fragmentos de madeira em uma autoclave a vapor com alta temperatura. Retirados, os pedaços eram colocados em moldes metálicos, em seguida postos para secar em fornos para acelerar o processo de desidratação e fixação dos moldes. Uma vez recolhidos das estruturas metálicas, eram corrigidos os eventuais defeitos e era feito o acabamento final.

Como industrial, Thonet manifestou grande interesse pela lucratividade. Como artesão, buscou o belo, uma forma estética em harmonia com as peculiaridades da matéria-prima que utilizava. Similar a Steve Jobs na recente Revolução Digital, Thonet certamente é um exemplo limite, mas, ao mesmo tempo, emblemático da Primeira Revolução Industrial. Como manufatureiro, sua genialidade manifestou-se, entre outros aspectos, por:

- **Orientação para o mercado:** implementou soluções coerentes para um mercado incipiente, sedento e promissor. Padronizou as técnicas de fabricação de forma exemplar, conseguiu produzir em série, com baixo custo e excelência. Não se adaptou, mas criou a demanda e a dirigiu. Até então a produção de móveis se limitava a imitar o passado, com salas entulhadas de vistosos objetos de arte em estilo diverso, de pouco uso por motivos de espaços disponíveis. Thonet inseriu móveis esteticamente airosos, cuja simplicidade e beleza eram capazes de despertar emoções e admiração, mas, ao mesmo tempo, eram harmoniosos, funcionais e com preços acessíveis.

- **Promoção e distribuição:** para que melhor percebessem seus produtos, elaborava cuidadosíssimos catálogos, estilisticamente coerentes, desde o *design* até a apresentação gráfica impecável, visando a criar uma imagem singular da companhia, unificando os modelos de maneira inconfundíveis, tornando-os mais atraentes e difíceis de ser imitados pelos concorrentes. Enquanto os fabricantes tradicionais de móveis uniam os elementos de uma estrutura com o uso de pinos de madeira e cola, Thonet o fazia por meio de pregos, parafusos, encaixes e grampos metálicos, que as tornavam mais fáceis de transportar e distribuir. A modularização trazia enormes vantagens: simplificava a embalagem, tornava mais fácil a reposição de peças e facilitava a montagem e o intercâmbio dos elementos.

- **Estética, bom gosto e bom senso:** não obstante a produção ser em série, para cumprir as exigências da estética, Thonet variava a espessura e a seção das barras de madeira utilizadas, conferindo aos produtos não apenas beleza mas também originalidade. Exaltava a linha, criava peças refinadas e exemplos admiráveis de estilos que se tornaram símbolos inconfundíveis da sua criação. Suas cadeiras se tornaram celebridade ao serem retratadas nas pinturas dos denominados românticos, uma arte do século XVIII reconhecida por retratar emoções e transmitir informações que prendiam a atenção dos admiradores. Assim é válida a observação da escritora, poeta, crítica de arte e curadora inglesa Edward Lucie-Smith: "Michael Thonet revela-se uma figura histórica mais importante do que se julga, pelo fato do seu sucesso assinalar o triunfo do *designer*" (MASI, 1999, p. 46).

Thonet é uma das exceções entre os precursores da Revolução Industrial, que, apesar de adotar o sistema de produção em massa, não abdicou da estética e do belo.

A divisão do trabalho imposto pela produção em massa requereu o segundo princípio da Segunda Revolução Industrial, a *especialização do trabalho e das tarefas*. A especialização pode envolver tanto as funções gerenciais como não gerenciais. Além de Henry Ford, também a *administração científica* recomenda a utilização de *métodos científicos cartesianos* na linha de produção em massa, pois entendia que a especialização era uma das melhores formas de se alcançar a produtividade.

Com o passar do tempo, o excesso de especialização afetou os trabalhadores gerando tédio, fadiga e estresse, o que também prejudicou a qualidade dos produtos e dos serviços, bem como a produtividade em si. Taylor acreditava que, ofertando instruções sistemáticas e adequadas aos operários por meio de treinamentos de habilidades, adestramentos e *savoir-faire*, haveria possibilidade de fazê-los produzirem mais e com melhor qualidade.

PRINCÍPIOS DA REVOLUÇÃO INDUSTRIAL

Padronização

Especialização

Sincronização

Concentração

Centralização

Maximização

Tal pensamento foi levado às máximas consequências nos processos de ensino e de aprendizagem das escolas. Os professores são especializados, os conteúdos são singularizados, os currículos, engessados, e as disciplinas, isoladas, por conseguinte o estudante não consegue fazer a conexão de um conteúdo com o outro. A própria palavra *disciplina,* em sua origem, tinha o significado de vigilância em relação à boa ordem, àquela parte da educação dos estudantes que contribui para tal ditame podendo se identificar atitudes como repressão, subserviência, submissão como desejava as indústrias que seus operários se comportassem.

A *sincronização* é outro princípio robusto da era industrial. Para os antigos gregos, chineses, nômades árabes, o tempo era representado pelos processos cíclicos da natureza, como a sucessão de dias e noites, fases da lua e passagem das estações. Os zíngaros, prófugos e nômades mediam seu dia da alvorada até o crepúsculo, os anos de acordo com as estações, bem como o tempo de preparar a terra, plantar e colher, das folhas que caem no outono, do gelo derretendo nos lagos e rios sentenciando a aproximação do verão. O tempo era percebido como um processo natural de transformação e os homens não se esmeravam em medi-lo com exatidão.

A Revolução Industrial transmutou a matriz horária e a linha de montagem em um cânone para quase todas as atividades humanas, inclusive a escola que adotou matrizes com disciplinas sequenciais, quadros de horários obrigatórios, similares a muitas das atividades fabris. O relógio começou a representar um elemento da ditadura mecânica na vida das pessoas, determinando o ritmo em suas atividades. De um processo natural, o tempo foi transformado em uma *commodity*, que pode ser adquirida, vendida e medida, similar a qualquer outra mercadoria. A difusão desse mecanismo traz à tona uma distinção entre o tempo do empregador e o tempo do empregado. O empregador utiliza o tempo de sua mão de obra para que ela não seja desperdiçada, o que predomina não é a tarefa, mas o valor do tempo, logo, o tempo vira moeda, e ninguém mais passa o tempo, e, sim, gasta ou investe tempo.

A imposição do *uso econômico do tempo* acarretou múltiplos desdobramentos, entre eles a questão de disciplina dentro das fábricas, uma vez que a manufatura exige maior exatidão em seus processos rotineiros. A partir de então, a fábrica e a escola necessitam da sincronização para que todos estejam a postos na linha de montagem, na sala de aula e, assim, todas as *performances* do homem e do estudante passam a ser sistematizadas, metodizadas e controladas pelo tempo.

As fábricas e as escolas ficam sincronizadas, requerem uma cidade coordenada para que operários e estudantes estejam presentes em seus postos e salas de aula no mesmo instante. É programado data e hora para produzir e aprender. O ambiente de ensino, quase que uno, é a sala de aula. O *relógio de ponto*, que controla a entrada e saída dos operários, e a *lista de frequência* dos estudantes são exemplos dessa sincronia; todos devem estar no mesmo espaço, na mesma ocasião, no mesmo átimo, para responder de forma sincronizada a uma mesma chamada. Os arrabaldes onde estão localizados a fábrica e a escola ficam confusos, e as ruas, congestionadas, e esse é um dos grandes desperdícios em nome da eficiência, eficácia e efetividade da produção e da educação.

A sincronização também está na formação. Nas oficinas artesanais, as crianças cresciam ao mesmo tempo em que aprendiam e, mesmo enquanto ainda eram aprendizes, já produziam. Com a divisão do trabalho, essa mistura foi abolida. Como na sociedade industrial, aquilo que se aprendia servia por muito tempo, ou seja, o saber acumulado na juventude bastava para toda a vida (ou parte dela), e a formação podia limitar-se a um tempo circunscrito.

A sincronização suscitou o *princípio da concentração*. Provocado pela mecanização da agricultura, o *êxodo rural* passou a ser uma constante. Os camponeses migravam para as cidades na busca de empregos, melhor remuneração, qualidade de ensino e infraestrutura como transportes, hospitais e escolas. Isso provocou enormes problemas sociais, uma vez que os postos de trabalho não eram suficientes, desencadeando: ocupações informais; concentrações em cortiços e favelas; sacomões, indigentes e mendigos que vadiavam, perambulavam e roubavam pelas ruas; escolas com excesso de estudantes por sala de aula; hospitais superlotados sem qualquer condição de atendimento decente.

Nas manufaturas, instituem-se departamentos adequados, propícios e ajustados para cada fase de produção. As cidades se sincronizam e se especializam. Desenvolvem-se os distritos industriais, locais onde se produz, os bairros residenciais nos quais se descansa, os cinturões comerciais em que se fazem compras, as áreas de lazer, lugares de descanso e diversão, e, claro, as zonas onde estão aglomeradas as instituições de ensino. Na escola aglutina-se tudo na sala de aula, ambiente no qual o mestre repassa para seus aprendizes todas as habilidades necessárias para que tenham sucesso pessoal e profissional na área escolhida.

A despeito de o conceito de centralização ou cadeia de comando ser muito antigo, ele foi, de fato, implementado a partir da Revolução Industrial. Enquanto Taylor desenvolvia a *administração científica* com ênfase nas tarefas, o francês Jules Henri Fayol (1841-1925), fundador da *teoria clássica da administração*, realçava a estrutura que a organização deveria ter para ser eficaz. As duas teorias tinham como principal objetivo buscar eficiência nas organizações e influenciaram (aliás, em muitos casos continuam influenciando) profundamente os modelos de ensino contemporâneo.

Tanto Fayol quanto Taylor definiam autoridade como:

> [...] o poder para atribuir ordens e lograr obediência. Emana do cargo, função, localização que o indivíduo preenche na organização, bem como das características, peculiaridades, atributos pessoais, como inteligência, conhecimento, atitudes, habilidades, liderança. (FAYOL, 2015, p. 114).

Fayol salientava que:

> [...] o pacto entre uma companhia e seus colaboradores requer obediência, desvelo, energia, atitudes de cooperação e perceptíveis indícios de obediência, respeito, deferência. A esse tautócrono de fundamentos é que se cognomina disciplina. (FAYOL, 2015, p. 114).

Se mirarmos esses conceitos na ótica da educação, observaremos que se aplicam *ipsis litteris*. Fayol e Taylor defendiam a centralização como modo de comando. A organização deve ter o formato de pirâmide: o vértice sabe tudo, pode tudo. Na escola, a centralização não está apenas na gerência e direção, mas também no íntimo da sala de aula. Centraliza-se unicamente no professor a responsabilidade de ensinar. Ele é o detentor do conhecimento, o responsável pela sua transmissão aos seus alunos. Os estudantes são seres apáticos e passivos, concentrados em um espaço especialmente projetado para os encontros presenciais e receptivos aos ensinamentos do mestre. É o professor que ensina, não necessariamente o aluno que aprende.

Maximização é o último, porém não menos importante princípio taylorista. Maximizar tenciona a perquirição de maior produtividade. Na educação, significa ministrar o máximo de temáticas possíveis não importando se os estudantes estão assimilando ou não, o importante é cumprir o volume de conteúdo a ser ministrado.

Rever *Tempos modernos* do genial Charles Spencer Chaplin (1889-1977), nascido em Londres, imortalizado por seu personagem *Carlitos*, é uma experiência e aprendizado que todos deveriam vivenciar. A cena em que a máquina para alimentar os operários é ajustada segue uma linha crítica utilizada para *maximizar* o tempo do trabalhador na linha de produção, aproveitando, inclusive, seus momentos de descanso. A cena é engraçada, kafkiana e despautéria, mas simboliza a ideia da maximização da eficiência, eficácia e produtividade.

Quando Carlitos se desloca ao sanitário para fumar um cigarro e relaxar, irrompe a feição amedrontadora do presidente da empresa invadindo sua privacidade, impelindo-o a retornar rapidamente ao seu posto de trabalho. Essa cena nos remete ao romance *1984*, de George Orwell, publicado em 1948, antevendo, em uma visão futurista, cética, acataléptica e pessimista da sociedade humana.

O hilariante e estimado herói protagonista de *Tempos modernos* acaba ficando maluco no interior da fábrica, realçando compulsão doentia para apertar tudo que fosse similar a um parafuso. Abalizado como um alienado, Carlitos é internado em um hospital psiquiátrico para tratamento. Ao sair, caminha desolado pelas alamedas, vielas e becos à procura de colocação, todavia as fábricas estão fechadas, a multidão está nas ruas para protestar. Ao apanhar uma bandeirola vermelha que acidentalmente cai de um caminhão, o miserável, desvalido e comovente Carlitos passa a ser seguido como um líder pelo bando esfomeado que faz protestos nas ruas de Nova York. Chaplin demonstra nessa cena o quanto as massas podem ser levianas e maquiavelicamente manipuladas por indivíduos capazes de insuflá-las para atingir seus próprios objetivos, bastando erguer uma bandeira vermelha despropositadamente caída de um caminhão.

A esplêndida obra cinematográfica é extremamente divertida e ainda consegue cativar, agradar e arrancar gargalhadas em pleno século XXI. Lamentavelmente, muitos não conseguem perceber, entre as travessuras de Carlitos, com seu modo sorrateiro e elegante de caminhar, uma profunda crítica social. Na década de 1930, a exibição do filme foi proibida na Alemanha e na Inglaterra, pois poderia representar, caso os operários percebessem, que estava na hora de transformar o trabalho em algo prazerosos e menos alienante.

Os princípios tayloristas, a despeito de serem concebidos para o chão de fábrica, onde o trabalho físico foi substituído por máquinas mecanizadas, ainda estão fortemente arraigados no sistema escolar contemporâneo. Apesar de haver muitos movimentos de transformação, a maioria das propostas curriculares ainda tem como pressuposto uma educação pautada na transmissão de conteúdo, por meio da qual os estudantes aprendem fatos, conceitos e princípios, sem o ensinamento de qualquer aplicabilidade. Os currículos são cartesianos, pulverizados e fragmentados, com pouco acoplamento entre as disciplinas. Aparentemente, isso torna as tarefas e os assuntos complexos mais administráveis; em troca, porém, paga-se um preço oculto muito alto.

Taylor descreveu os princípios que deveriam reger a gestão científica nas fábricas, indiretamente nas escolas e no comportamento coletivo como um todo, apontou os métodos de trabalho mais eficientes, insistindo que: "Um homem de primeira classe pode trabalhar, na maioria dos casos, duas vezes mais do que é feito em média" (TAYLOR, 2016, p. 24, tradução nossa).

Walter Dill Scott, um dos primeiros ícones da Psicologia Aplicada, reconheceu que esses aumentos de produtividade não poderiam ser projetados sem a gestão de excelência: "Os homens que sabem como obter o máximo de resultados das máquinas são comuns, todavia, o poder de obter o máximo de rendimento dos subordinados ou de si mesmo é uma competência muito mais rara" (SCOTT, 2005, p. 44).

O filósofo e economista escocês Adam Smith acreditava que: "[...] a diferença de talentos naturais em homens diferentes é muito menor do que estamos conscientes" (SMITH, c2018, documento *on-line*).

Esses conceitos levaram outros cientistas a buscarem respostas para o aumento da eficiência e da eficácia na compreensão da inteligência humana. O filósofo James Stuart Mill, defensor do *utilitarismo* e um dos pensadores liberais mais influentes do século XIX, colocou, em suas pesquisas, os conhecimentos ensinados por seu pai, o também filósofo e historiador James Mill; as ideias do ensaísta britânico David Hume, e as concepções de John Locke, ideólogo do Liberalismo, principal representante do *empirismo* britânico. Locke sustentava que: "[...] a mente de um recém-nascido é uma ardósia vazia que recebe impressões do ambiente ao redor e desenvolve ideias por associação com influências externas" (LOCKE, 2012, p. 571).

Apenso a essas imisções do hábito, do costume, da educação estavam os conceitos de Locke e Hume, expandidos, difundidos e aprofundados por Mill. O contato com estímulos externos faz sentido, um cheiro familiar, por exemplo, poderia desencadear uma recordação e assim reforçar, ampliar e avultar uma abstração. James divisava o desenvolvimento do conhecimento como a formulação de uma receita, reunindo vários ingredientes que poderiam combinar como reação química para formar o que ele chamou de *uma ideia complexa*. Ao longo de toda a Revolução Industrial, esse raciocínio jamais foi utilizado nos processos de ensino e de aprendizagem, uma vez que a meta não era ensinar a pensar; muito pelo contrário, o objetivo era a obediência, a disciplina e as habilidades mecânicas.

Os estudos das reações não granjeavam proporcionar as respostas necessárias. Para que se encontrasse um indicador capaz de mensurar a habilidade intelectual, seria necessário um novo bulevar de exploração. Esse foi facultado por Alfred Binet, psicólogo francês que se tornou célebre por sua contribuição no campo da *psicometria*, balizado como inventor do primeiro teste de inteligência.

Tanto Binet quanto Sigmund Freud, médico neurologista e criador da psicanálise, foram atraídos pelas investigações do cientista Jean Martin Charcot, um dos maiores clínicos e professor francês, chefe de Medicina Interna do Hospital La Salpêtrière. Após quatro meses de estudos em Salpêtrière, Freud voltou a sua cidade natal, Viena, para desenvolver a arte da psicanálise que, como um vício, se espalharia por todos os cantos do mundo.

Binet utilizou a experiência de Salpêtrière para ampliar seus conceitos associativistas e realizou experimentos sobre a diferença na capacidade das pessoas de manter sua atenção em alguma área específica. Observando os tempos de reação de suas duas filhas, descobriu que, em média, quase sempre elas reagiam mais lentamente do que os adultos. A partir disso, concluiu que a capacidade de sustentar a atenção a uma tarefa era importante e que as crianças tendiam a ter um período de atenção menor do que os adultos.

Notou, também, que cada uma delas adotou uma abordagem diferente para aprender a andar. Madeleine moveu-se cautelosamente de um suporte para outro, enquanto Alice estava mais confiante *cambaleando como um homem bêbado* alguns passos no meio da sala. A consideração de Madeleine, contrariando a impulsividade de Alice, levou Binet a concluir que as pessoas diferiam da maneira como pensavam.

Essas foram as primeiras observações sobre indicadores de inteligência que formaram a base para as pesquisas do psicólogo alemão Wilhelm Stern, idealizador do termo *quociente de inteligência* (QI), para designar a razão entre a idade mental e a idade cronológica. O QI era como um brinquedo nas mãos dos psicólogos. Um passatempo favorito era descobrir os possíveis QI de acadêmicos mortos há muito tempo, como Mill, para o qual se estimava um QI de 190, enquanto o QI de infância de Francis Galton, descobridor da individualidade das impressões digitais, era calculado como tendo sido 200.

A transmissão, a memorização de conteúdo, a padronização, a especialização e as disciplinas como meio de alienação não são mais eficientes, razão pela qual a educação no modelo tradicional não é mais eficaz. É preciso construir contemporâneas formas de ofertar educação, nas quais o planejamento (escolha e organização de competências) seja valorizado, a disponibilização seja modernizada e a avaliação não seja confundida com simples verificação. Somente dessa forma a educação voltará a ser eficaz na formação do indivíduo versátil, tão necessário para ter empregabilidade e trabalhabilidade nesse novo mundo de automação e inteligência artificial.

Capítulo 3

Substituição do trabalho repetitivo por máquinas "inteligentes"

Aprendizagem, confiança, sutileza não são elementos isolados. A confiança e a sutileza não somente facilitam e propiciam a aprendizagem como também compatibilizam imperscrutavelmente a ligação entre si.

Rui Fava
2015, p. 56

Todas as revoluções têm um exórdio, alguma fagulha, ideia ou evento que desencadeia uma série de outros fenômenos transformacionais. A história está repleta de guerras, tratados e golpes. Entretanto, uns tantos das ingerências mais duradouras da humanidade, como o nascimento do cristianismo, têm gênese lhana, despretensiosa. Assim foi a Revolução Industrial, cujas origens podem ser atribuídas ao desejo de um homem de conceber uma panela de ferro melhor. A Revolução Pós-industrial foi incoada por sonhadores que construíram uma *máquina inteligente* que substituiria o trabalho repetitivo e fastidioso do homem.

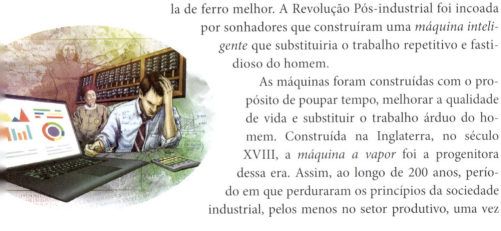

As máquinas foram construídas com o propósito de poupar tempo, melhorar a qualidade de vida e substituir o trabalho árduo do homem. Construída na Inglaterra, no século XVIII, a *máquina a vapor* foi a progenitora dessa era. Assim, ao longo de 200 anos, período em que perduraram os princípios da sociedade industrial, pelos menos no setor produtivo, uma vez que ainda são fortes na educação, o grande desafio foi a *eficiência*, isto é, *fazer o maior número de coisas no menor espaço de tempo exequível*. Na escola, é transmitir a maior *quantidade de conteúdo factível* em um tempo predeterminado: a aula presencial.

O mecanicismo agiliza e acelera a evolução metafórica do homem. O ritmo da vida deixa de ser orientado pelas estações da natureza e passa a ser controlado mecanicamente pelo relógio. Se a agricultura necessitou de 10 mil anos para produzir as primeiras indústrias maquinais, estas precisaram de pouco mais de 200 anos para gerar a sociedade pós-industrial, que, com a invenção de uma *máquina inteligente*, o computador, provoca a substituição de trabalho repetitivo do homem.

Diferente da fase agrícola assentada na produção de alimentos, da era industrial, alicerçada na manufatura de coisas, a sociedade pós-industrial está fundamentada na produção de informação, serviços, símbolos e estética. A sociedade pós-industrial diferencia-se de suas precursoras, pois, com a substituição do trabalho repetitivo, o setor de serviços passa a representar mais de 60% da mão de obra, exigindo mais que execução de tarefas. Se na fase anterior à padronização de mercadorias e à especialização do trabalho era o que se perscrutava, agora o que conta é a qualidade da vida, a intelectualização, a desestruturação do tempo e do espaço, o fazer de coisas simultaneamente em diferentes lugares, em símile tempo.

Diferentemente da era industrial, a sociedade pós-industrial prioriza o âmbito emotivo em relação à esfera racional, qualidade em comparação com a quantidade, individualidade em proporção à coletividade, subjetividade comparada à materialidade. Confiança, ética e moralidade passam a ser relevantes, imperiosas e indispensáveis; o relacionamento, o *networking* e a convivência com a diversidade são imprescindíveis para a empregabilidade e a trabalhabilidade.

Empregabilidade é um conceito que surgiu nos anos 1990 e tem a ver com o vínculo e a dependência da empresa com seu colaborador, qual o valor de um profissional no mercado de trabalho; ou seja, quanto ele vale no sentido de transações, mercado e aquisição de um emprego. Quanto maior a empregabilidade de uma pessoa, mais atrativa ela será para o mercado. Enquanto a *trabalhabilidade* é um conceito mais contemporâneo, refere-se à capacidade de gerar trabalho, mais além do emprego. É como a pessoa se vê produzindo economicamente, relaciona-se ao *know-how* de gerar trabalho e/ou a versatilidade que um indivíduo possui de se ver produzindo na economia criativa, por meio de atividades com múltiplas formas de trabalho.

Se comparados aos da fase agrícola, os princípios infundidos no período industrial eram integralmente dissemelhantes. O impacto por eles provocados tornou-se tão substancial que, a despeito de terem sidos formulados para a fábrica, foram – e ainda são, com ênfase na educação – aplicados em todos os âmbitos da sociedade. No estágio pós-industrial, com a copiosa massa de informações disponíveis, robusto soerguimento tecnológico, rápidas e contínuas transmutações sociais, políticas e econômicas, esses arquétipos mais uma vez entram em colapso. Renovados paradigmas, novos modelos mentais, diferentes princípios são mandatórios para substituírem os pretéritos da Revolução Industrial.

A *personalização* significa adequar as características do produto ou serviço à predileção, primazia e simpatia do consumidor.

"Todos os animais são iguais, mas alguns são mais iguais do que outros" (ORWELL, 2007, p. 1253). Trata-se de um dos mais impactantes conceitos descritos no clássico livro *A revolução dos bichos*, do genial escritor britânico Eric Arthur Blair (1903-1950), mais conhecido com o pseudônimo de George Orwell.

Na era industrial, os comerciantes dividiam seus compradores em grupos e disponibilizavam produtos e serviços padronizados em massa para atendê-los. Com o advento da fase pós-industrial, esses ajuntamentos estão se tornando cada vez menores, com peculiaridades bastante específicas. Os consumidores estão mais exigentes, a informação está mais tangível, a singularidade de cada geração se tornou perceptível.

Os *baby boomers*, nascidos entre 1945 e 1960, expressavam favoritismo por produtos de alta *performance*, acreditavam estoicamente que um bom estilo de vida decorre de níveis ressaltados de educação. Nascidos entre 1960 e 1983, a geração X é individualista, idealista, menos confiável, pouco transparente, preocupada com conveniências pessoais. Trata-se de uma geração que aprecia variedades, preza não adquirir e fazer as mesmas coisas. Indivíduos que têm sede por conhecimento. É uma geração que referencia aprender por tentativa e erro e desafia continuamente o *status quo*, rastreando uma maneira mais adequada de *realizar e/ou adquirir algo*.

PRINCÍPIOS DA REVOLUÇÃO PÓS-INDUSTRIAL
Personalização
Estética
Emotividade
Religiosidade
Nomadismo
Globalização

Filhos da geração X e netos dos *baby boomers*, a geração Y, usufruindo integralmente dos meios tecnológicos disponíveis, converteu-se na primeira geração regiamente global e mais plural de todos os tempos. Um pluralismo que assegura a essa juventude, mesmo individualista, com tantas diversidades, reconhecer-se, participar ativamente de uma expandida rede social que resulta em um extenso número de relacionamentos pessoais efêmeros, criando laços fracos.

Nascidos entre 1983 e 2000, uma geração não melhor ou pior que as outras, meramente díspar. Os jovens Y professam uma nova maneira de pensar o mundo. Afiançam em um orbe não bipolarizado, perfilham uma cultura de participação, mentalidade de integração e não de segregação, ideias, conceitos abertos flexíveis, múltiplos, versáteis, aspiram a criação coletiva. Desejam uma nova forma de se relacionar, quebram as barreiras físicas, a linearidade de tempo e de espaço. Consumidores supremos, participam ativamente da nova economia comandada por *open source* (código aberto), que consente que programadores externos possam coadjuvar, acolitar e contribuir com times de desenvolvedores para conceber, incrementar e criar conteúdo para um *software* em pleito. Um exemplo é o *crowdsourcing*, processo colaborativo no qual pessoas se reúnem para agregar seus conhecimentos em torno da solução de problemas, da criação de novos produtos e serviços e da construção de conteúdo para estudar e aprender junto *(peer to peer)*. Já o *crowdfunding* é uma forma de patrocinar projetos por meio de financiamento de diversas pessoas interessadas na ideia, fundamentalmente uma versão moderna da antiga, famosa e popular *vaquinha*.

A geração Y foi sopitada pela tecnologia, e a geração Z é subjugada pela velocidade da tecnologia, razão pela qual são extremamente impacientes, querem tudo instantaneamente. Uma geração que concebe o mundo desapegado das fronteiras geográficas. Estão conectados 24 horas, 7 dias da semana, fotografando, filmando e narrando onde estão, o que fazem, quais as companhias, que música estão ouvindo, o que estão comprando. Com todas essas diferenças, não é possível fabricar ou entregar serviços similares, principalmente na educação, em que a maneira de aprender de um não é, necessariamente, similar à aprendizagem de outro.

Para transformar a escola, se faz necessário criticá-la construtivamente. Divirjo da percepção de que a educação tradicional não foi eficiente e de que a sala de aula não se modificou desde a Idade Média. Houve sim evolução, foi eficaz em conformidade com os objetivos alvidrados, consonante com a tecnologia disponível. Não obstante o conservadorismo intrínseco, não foi imutável, tampouco morosa. Se a coleção de roupas de uma estação estiver imprópria, errada ou inadequada, troca-se celeremente o acervo, e tudo fica normal. Na educação, deve-se ter cautela, sensatez e prudência, pois uma congérie de jovens perdura-se por uma geração inteira, a escola não pode se dar o luxo de errar ou de realizar mudanças por modismo.

Estamos saindo de uma sociedade assentada na instituição, na qual os processos são controláveis, previsíveis, lentos, estáveis, para a sociedade da inteligência artificial, automação, comunicação em redes, fundamentação no indivíduo, na qual os sistemas são complexos, imprevisíveis, rápidos e instáveis. Encerra-se o período pós-industrial, inicia-se a fase da sapiência, do empreendedorismo e do dinamismo, em que pensar, sentir, agir, discernir, escolher e decidir passa a ser imprescindível.

A escola não pode ser a mesma que foi idealizada para a sociedade pós-industrial, a começar pelos objetivos de aprendizagem. O encontro presencial deverá ter intuito de aplicação e não de transmissão de conteúdo. Para tanto, a estrutura da sala de aula necessita de móveis mais flexíveis, adaptáveis à pluralidade de metodologias que podem ser utilizadas nos encontros presenciais. A escola deve olhar para fora, conversar com a sociedade, verificar o que espera de seus egressos, de quais competências, habilidades e comportamentos está desabastecida.

No universo estático da fase industrial, a escola eficiente opera como um relógio, um maquinismo com vivência distante da coletividade, em que o estudante é um fragmento da engrenagem que carece de ser polido, acurado e disciplinado. O futuro não é uma réplica do passado. Na medida em que o ambiente vai se tornando mais mutante, veloz, com novidades tecnológicas a todo momento, as instituições necessitam se atualizar, evoluir continuamente para não vanecer. Não satisfaz apenas conservar, é mister se adaptar, aprender e evoluir.

Os estudantes não podem ser acessórios de engrenagem que se repetem sem pensar, refletir e ponderar. Longe disso, devem ser células vivas, sensíveis, críticas e interativas que dialoguem, compartilhem ideias e sugiram soluções. A escola deve ser um sistema vivo, um conjunto de componentes que trabalha de forma homóloga, correlata, interdependente com objetivos compartilhados e não ser uma instituição que gere apenas lucro para seus acionistas.

No Brasil, a educação tornou-se um grande negócio com duas categorias de instituições. A primeira, escolas ou grupos que *são* da educação e *estão* no mercado de capitais; a segunda, trata-se de instituições ou grupos que *são* do mercado de capitais e *estão* na atividade de educação. O primeiro tem como propósito primordial a oferta de educação de excelência que possa auxiliar os estudantes a realizarem seus sonhos. O segundo tem o capital social, em sua maioria, pertencentes a bancos de investimentos, fundos, *private equity*, com o fito, enquanto for possível, de gerar o máximo de lucratividade e crescimento. A qualidade dos processos de ensino e de aprendizagem é apenas um detalhe de terceira, quarta ou quinta prioridade.

Esse comportamento é inteiramente egoísta, unilateral e ignora os aspectos sociológicos que devem ser parte do pensamento de qualquer companhia. O professor, escritor e consultor austríaco, considerado o *pai da administração moderna*, submetendo-a como a ciência que trata sobre pessoas nas organizações, Peter Ferdinand Drucker, enfatizava:

> Uma instituição que visa o lucro é não apenas falsa, mas também irrelevante. O lucro não é a causa da empresa, mas sua validação. Se quisermos saber o que é uma companhia, devemos partir de sua finalidade, que será encontrada fora da própria empresa. E essa finalidade é criar um cliente. (SWAIM, 2011, p. 132).

As instituições de ensino devem basear-se na sua responsabilidade perante o futuro dos estudantes, na percepção de que podem e exercem influência sobre a vida da comunidade na qual está localizada. Esses aspectos são tão importantes a considerar quanto a rentabilidade, o lucro a ser auferido.

É certo que muitos dos gestores dessas instituições e grupos capitalistas habitualmente desejaram ofertar uma educação com a mesma imaleabilidade que a idealizaram. Entretanto, emoções e sonhos são péssimos para um *trader*. Afinal, como salienta Jesse Livermore em seu livro *How to Trade in Stocks*: "O jogo da especulação não é para sonhadores e emotivos" (LIVERMORE; SMITTEN, 2006, p. 38).

O jogo não é para aqueles que querem melhorar a qualidade de vida das pessoas por meio da educação, é para os que desejam ganhar o máximo de dinheiro por meio da educação, enquanto for viável.

O norte-americano Collins Potter Huntington, fundador da Northrop Grumman Newport News, um estaleiro de navios militares e responsável pela construção dos porta-aviões da classe Nimitz, quando iniciou sua empresa em 1886, anotou o seguinte objetivo: "Construiremos bons navios, com lucro se possível, com prejuízo se necessário, mas sempre bons navios" (NIGRO, 2014, documento *on-line*).

Esse é um bom exemplo de uma empresa que coloca o propósito da atividade-fim antes do lucro. Uma promessa de permanecer no negócio a despeito da adversidade, uma determinação para encontrar os melhores e mais produtivos métodos de produção e entrega de serviços.

Desde os primórdios da Revolução Industrial, a gestão de negócios foi ensinada nas escolas, faculdades e universidades. Taylor criou a necessidade de equipes que organizassem e, em seguida, supervisionassem o local de trabalho para torná-lo mais eficiente. Henry Fayol aplicou-se incessantemente no desenvolvimento de níveis efetivos de administração nas empresas de mineração Commentry-Fourchabault e Decazeville, onde iniciou sua carreira em 1866. Max Weber delineou um ideal burocrático, no qual as organizações seriam controladas por processos mecanicistas com uma cadeia de autoridade regida por regras e procedimentos. Elton Mayo aprimorou seus estudos sobre o comportamento humano na Western Electric. James McKinsey, professor da Universidade de Chicago, usou seu conhecimento de contabilidade para aprimorar os estudos de logística e suprimentos.

Peter Drucker escreveu:

> Os melhores professores da Faculdade de Bennington não eram professores, mas pedagogos, programadores de aprendizagem, similar a Sócrates, cujo método era apontar a trilha para o aprendizado, para delinear o itinerário que os estudantes deveriam seguir. (DRUCKER, 2018, documento *on-line*).

Essa era a maneira de Drucker estimular, comentar, criticar, elogiar, inspirar e ser perspicaz. Ele ajudou a definir uma nova relação entre acadêmico e empresarial, criando uma sobreposição de respeito mútuo, em que cada um poderia apreciar as preocupações do outro.

A preocupação das escolas foi melhorar a empregabilidade de seus egressos. Isso foi suficiente enquanto o emprego era abundante. Com a inteligência artificial e a automação, que estão provocando o definhamento do emprego no modelo tradicional, as escolas precisam se preocupar com a trabalhabilidade, formar empreendedores de suas próprias carreiras, na qual a fidelidade a uma companhia é fraca, efêmera e fugaz.

Capítulo 4

Substituição do trabalho preditivo por automação, robotização e inteligência artificial provocando o fim do vínculo empregatício

A fábrica do futuro terá apenas dois empregados, um homem e um cachorro. O homem estará lá para alimentar o cachorro. O cachorro estará lá para impedir que o homem toque nos equipamentos.

Warren Gamaliel Bennis
1925-2014

A proporção das metamorfoses nos últimos tempos tem sido sem precedentes, nos pegando desprevenidos, razão pela qual continuaremos a ser perpétuos novatos quando se trata de tecnologia. Precisamos acreditar mais nas coisas improváveis. Tudo está em fluxo constante de mutação, e, com imaginação, poderemos aprender a discernir o que está à frente com mais clareza e naturalidade.

A Revolução Agrícola está assentada na *produção de alimentos*; a Revolução Industrial, alicerçada na *manufatura das coisas*; e a Revolução Tecnológica, fundamentada na *entrega de serviços* por máquinas inteligentes munidas de inteligência artificial (IA). A transfiguração causada pela tecnologia é colossal. Em seu coração, está um novo tipo de participação que, desde então, se desenvolveu em uma cultura emergente baseada na partilha. As formas de distribuição habilitada por *hiperlinks* estão agora criando um novo tipo de pensamento – parte humana, parte máquina – nunca percebido em toda a história da humanidade. A tecnologia digital desencadeou um novo devir. Com as impensadas tecnologias atuais, aprendemos que o impossível é mais plausível do que parece.

As máquinas utilizadas na produção melhoraram a produtividade, o trabalho rotineiro está sendo automatizado, reduzindo drasticamente a necessidade de intervenção humana. Isso é mais perceptível em países desenvolvidos e menos em nações em desenvolvimento, conforme se constata na **Figura 4.1**. *Rotina* pode não ser a melhor palavra para descrever as profissões mais suscetíveis de ser ameaçadas pela tecnologia. Talvez os termos *previsível* e *preditivo* definam mais adequadamente as ocupações que serão automatizadas por meio de estudos e registros detalhados do histórico de tudo o que se fez no passado, ou seja, existe uma boa chance de que um algoritmo possa ser capaz de aprender a fazer seu trabalho atual.

Figura 4.1 | *Status* do trabalho de rotina nos países desenvolvidos e subdesenvolvidos.

Com a afluência da diferenciação entre homens e máquinas, somada à robotização, automação, substituição do esforço físico e repetitivo e realocação do trabalho preditivo pela IA, altera-se o modelo de cadeias produtivas, prestação de serviços e interações comerciais em que consumidores atuam como produtores, fazendo milhões de ocupações da economia convencional serem extintas.

Isso é plausível especialmente devido ao fenômeno *big data*, que continua a se desenvolver. Em todos os setores, é factível coletar quantidades ininteligíveis para os seres humanos de dados e informações sobre todos os aspectos da *performance* humana. Tarefas, procedimentos e atividades provavelmente serão encapsuladas, esperando o dia em que um sagaz algoritmo principie a examinar os registros deixados por seus predecessores humanos. O resultado de tudo isso é que adquirir mais educação, competências e habilidades não assegurará, necessariamente, efetiva proteção contra a automação de ocupações no futuro.

Ainda não se tem um consenso sobre o número de ocupações que serão escamoteadas. Pesquisa do DaVinci Institute, uma organização sem fins lucrativos em Westminster, Colorado, Estados Unidos, projeta o desaparecimento de 2 milhões de postos de trabalho no país até 2030. Infelizmente, não temos esse tipo de pesquisa no Brasil, mas certamente as perdas também serão enormes, e o país não está se preparando para isso.

No comércio de varejo está havendo um genocídio, a hecatombe do estabelecimento físico, substituído pelas lojas de departamento *on-line*. Conforme o megainvestidor norte-americano Warren Buffet, em poucos anos o varejo estará completamente diferente: "Eu não tenho ilusão de que em poucos anos o mundo vai ser igual ao de hoje. Algumas coisas nesse caminho irão nos surpreender. O mundo evoluiu, continua evoluindo e a velocidade está aumentando" (MORENO, 2017, documento *on-line*).

Independentemente da correção dessas projeções, o fato é que muitos governantes, executivos, trabalhadores, estão ficando paranoicos sobre o futuro do emprego. Conforme projeção da PricewaterhouseCoopers, nos próximos 10 anos, 48% dos trabalhadores norte-americanos serão substituídos por máquinas; na Alemanha, serão 35%; no Japão, 21%. Transporte e logística serão os setores mais afetados, com a possibilidade de troca de 56% da mão de obra real por computadores; vendas, 44%; finanças, 32%. Contudo, os consulentes acreditam que os humanos serão parceiros e não inimigos dos robôs. A norte-americana McKinsey & Company é bastante otimista, acreditando que, para cada posto de trabalho eliminado, 2,4 novos serão criados, principalmente em *startups* – daí a importância do empreendedorismo.

O grande desafio para as escolas é preparar profissionais para essas novas ocupações, pois a maior parte dos trabalhadores que perderão o emprego não tem competências necessárias para as ocupações que irão surgir. Com as máquinas fazendo o trabalho físico, repetitivo, preditivo, novas competências e habilidades são necessárias, como criatividade, resolução de problemas, empreendedorismo, imaginação, interação interpessoal, pensamento crítico e analítico, discernimento para escolhas entre as miríades de dados e informações existentes. Esse é um desafio das escolas, mas também demanda muito esforço do indivíduo, que deverá acompanhar as reviravoltas do mercado, aprendendo, adotando as novas tecnologias e prevendo de que maneira poderá contribuir, crescer e se adaptar.

As escolas deverão transmutar, ou estarão fadadas ao fracasso. Consoante o futurista norte-americano Thomas Frey, mais de 50% das faculdades que disponibilizam metodologias tradicionais irão à falência até 2030. Primeiro, em função dos altos custos e pouco retorno para os estudantes, já que não haverá garantia de empregabilidade e trabalhabilidade; segundo, a demanda por educação terá copioso aumento, todavia será uma educação mais personalizada; terceiro, com o ensino avoengo, as escolas não conseguirão entregar o que prometem, uma educação baseada em desenvolvimento de competências e habilidades para facultar aos jovens as necessárias vantagens competitivas exigidas pelo mercado de trabalho; quarto, as matrizes engessadas serão substituídas por oferta de conteúdo hiperpersonalizado com alta aplicabilidade; quinto, o ensino deverá ser mais orgânico, flexível, móbile, não linear, adaptativo, instantâneo e integrado.

As profissões irão ruir ou desaparecer não somente pela automação, robotização e IA, mas também pela presença de *softwares* inteligentes que auxiliam, facilitam e popularizam ocupações realizadas somente por especialistas. Com o desenvolvimento dos satélites, surgiu o *geoprocessamento*, conjunto de tecnologias capazes de coletar, tratar e analisar informações georreferenciadas. Essas tecnologias substituíram o tradicional cartógrafo e fazem cada vez mais parte de nosso dia a dia, como, por exemplo, em Sensoriamento Remoto (SR), Sistema de Informação Geográfica (SIG) e Sistema de Posicionamento Global (GPS). Com essas tecnologias, pode-se confeccionar mapas mais detalhados e precisos que os produzidos por qualquer cartógrafo, por mais perito que seja.

Considere um radiologista, profissional especialista na interpretação de imagens médicas, que estuda anos e anos para se singularizar; no entanto, computadores conseguem analisar, interpretar mais rapidamente e melhor o que enunciam essas imagens. Não é difícil projetar que, em um futuro não muito distante, a radiologia será um trabalho realizado quase que exclusivamente por máquinas inteligentes. Em geral, os computadores estão se tornando muito proficientes na aquisição de habilidades, especialmente quando se têm disponíveis colossais quantidades de dados.

No mercado financeiro, robôs de investimentos estão substituindo analistas de capitais. A possibilidade de delegar a um *bot* a escolha dos melhores prazos e taxas deixou de ser futurista. Antes restrita a grandes investidores e instituições financeiras, a automatização da negociação de ativos chega à pessoa física. Empresas *fintech* (*finance + technology*) estão sendo criadas com o propósito de romper os paradigmas do tradicional sistema financeiro.

Os egressos universitários já estão tendo dificuldades em manter os salários praticados e, muitas vezes, precisam aceitar ocupações que não requerem um diploma. Na verdade, inúmeros profissionais, como advogados, analistas financeiros, jornalistas, enfermeiros, contadores e farmacêuticos, já estão sendo substituídos por robôs movidos por IA. Na medida em que a automação cada vez mais se apossa do trabalho preditivo e rotineiro, os profissionais enfrentarão desafios sem precedentes. No passado, a tecnologia de automação tendia a ser relativamente especificada, afetando um setor de cada vez, com os trabalhadores deslocando-se a uma indústria emergente. A situação atual é diferente, pois a IA provoca uma tecnologia de alcance alastrado, e seu impacto ocorre de forma generalizada.

Presumivelmente, todas as indústrias existentes se tornarão menos intensivas em mão de obra à medida que a nova tecnologia for assimilada a modelos de negócios. Essa transição poderá ocorrer com copiosa fugacidade. Ao mesmo tempo, as indústrias que emergem quase sempre incorporam a automatização desde sua criação. Tudo isso sugere que estamos indo em direção a uma transição que vai carrear enormes pressões sobre as economias, as sociedades, em todo o mundo. Grande parte do modelo de educação convencional ofertado aos trabalhadores e estudantes que se capacitam para entrar na força de trabalho, ao que tudo indica, será ineficaz. A infeliz realidade é que muitos aprendizes farão tudo com muito afinco, pelo menos em termos de aquisição de conhecimento, competências, habilidades e, ainda assim, não conseguirão encontrar uma base sólida na nova economia, criando um impacto potencialmente devastador no desemprego, na vida das pessoas e no cerne da sociedade.

A tecnologia tem poder de processamento que os estudantes podem aprender a utilizar criando muitos algoritmos e dados de lógica que não conseguiriam resolver sem um computador. Um *software* pode ser utilizado como uma ferramenta para resolver problemas complexos de matemática envolvendo o mundo real. Essa é a diferença entre a educação assistida por computador e baseada em computador. A educação assistida não utiliza a tecnologia para melhorar a aprendizagem, mas simplesmente transpõe o ensino tradicional para uma interface de computador. Por outro lado, a aprendizagem baseada em computador utiliza-o como uma ferramenta para treinar as habilidades de pensamento de nível superior.

A tecnologia expõe os estudantes a uma incrível quantidade de recursos globais. Os estudantes devem aprender a ser consumidores críticos de informação em um mundo em que todas as opiniões possíveis são expressas. Também tem a capacidade de conectar indivíduos a pessoas em todo o planeta. Antes, a comunicação era realizada por cartas enviadas por correios com uma longa demora. Hoje, a conectividade com pessoas que compartilham interesses semelhantes é instantânea. Isso proporciona oportunidade para aprender sobre outras culturas, praticar a comunicação, a colaboração, o pensamento crítico e criativo, tão necessários para viver em um mundo interconectado.

Por fim, a tecnologia tem a capacidade de ser personalizada para cada aluno de acordo com suas necessidades. No futuro, com ajuda da IA, a metodologia poderá se adaptar à característica do estudante, apresentando níveis de *feedback* adequados às dificuldades e aos desafios de sua aprendizagem. O progresso dos alunos poderá ser rastreado por avaliações totalmente integradas ao aprendizado, orientando de modo formativo suas experiências, incorporando em tempo real as mudanças na instrução conforme necessário e continuamente ajustando as progressões de aprendizado.

A realidade assustadora é que, se as escolas não reconhecerem, não adotarem e não se adaptarem aos avanços da tecnologia, não formarão seus egressos aptos às necessidades do mercado de trabalho, proporcionando o aumento do desemprego tecnológico. A *high-tech* disruptiva tem o poder de devastar indústrias e setores intrínsecos da economia e do mercado de trabalho.

A revolução tecnológica não acontece somente nos *bits*. Em inúmeros segmentos estão ocorrendo mutações que irão metamorfosear o *modus vivendi*. Similar ao diamante, ao grafite, aos nanotubos e aos fulerenos, o *grafeno* é uma das formas cristalinas do carbono. Esse material está sendo considerado tão ou mais revolucionário que o plástico ou o silício. Forte, leve, quase transparente, excelente condutor de calor e eletricidade, o grafeno pode ser considerado um material de 1.001 utilidades. Com tantas vantagens e características promissoras, muito em breve estará nos *notebooks*, *tablets*, *smartphones*, televisões, veículos, equipamentos em geral e nos demais dispositivos do dia a dia.

O grafeno é um composto constituído por uma camada surpreendentemente afilada de grafite, o mesmo avistado em um lápis utilizado para escrever e desenhar. A dessemelhança é a de que os átomos individuais do grafeno estão distribuídos em uma estrutura hexagonal, gerando uma fina camada de carbono. Empiricamente, o grafeno é um composto mais resistente, leve e fino que o aço. Uma camada formada por cerca de três milhões de grafenos aglomerados terá uma espessura de apenas um milímetro. Somado a essas características, é transparente, elástico, não enferruja e conduz eletricidade e calor melhor do que qualquer outro elemento conhecido. Além de tudo isso, é muito barato para ser manufaturado.

Múltiplas utilidades já estão sendo pensadas para usufruir dos prodigiosos atributos do grafeno. Entres elas, é possível destacar:

- Haverá uma enorme transformação do *design* atual de todos os *gadgets*. Será possível conceber um *smartphone* da espessura de um papel, totalmente transparente, plenamente flexível, dobrável, sem perder aparência, desempenho, funcionalidade, em uma tela de altíssima definição.

- As baterias ganharão excepcional *performance*. Pesquisadores da Northwestern University, localizada em Evanston, Illinois, Estados Unidos, conceberam uma bateria que mantém o celular carregado por mais de 10 dias e precisa de apenas 15 minutos para recarregar.

- Um estudo de cientistas da Rice University, de Houston, Estados Unidos, identificou que o óxido de grafeno tem entre suas propriedades a capacidade de remover material radioativo de água contaminada.

- Um papel antibactérias que inibe o crescimento de micro-organismo para embalar alimentos foi concebido na Shanghai University, China.

- Cientistas da Swinburne University of Technology, localizada em Melbourn, Austrália, desenvolveram um disco capaz de armazenar três vezes mais dados que um *Blu-ray*.

- Pesquisadores da Technische Universität München desenvolveram implantes neurais feitos a partir de grafeno.

- Estudiosos da Duke University, Estados Unidos, combinaram filme elástico de polímero com grafeno como matéria-prima para conceber músculos artificiais.

- Usando água, eletricidade, DNA e grafeno, pesquisadores da Harvard University e do Massachusetts Institute of Technology conceberam novo método para sequenciar material genético.

- Cientistas da University of Bath e Exeter University, no Reino Unido, utilizaram interruptores ópticos feitos com base no grafeno para aumentar em 100 vezes a velocidade de transmissão de dados na internet.

- O grafeno também poderá ser usado para transmitir sinal de FM, produzir *chips*, filtrar água salgada dos oceanos, fabricar preservativos ou conceber dispositivos biônicos que poderão ser implantados no corpo humano.

Com o grafeno, serão concebidos robôs industriais menores e mais leves, com percepção visual e espacial, destreza, capacidade de se mover descomplicadamente, que não se cansam, não sofrem lesões, não reivindicam coisa alguma, apenas energia para seu funcionamento. Em outras palavras, está se invadindo a fronteira final da automação na qual máquinas inteligentes competirão pelas poucas ocupações de rotina manuais que ainda estão disponíveis para os trabalhadores humanos.

Na década de 1990, a indústria têxtil foi literalmente dizimada nas nações avançadas, na medida em que a produção foi deslocada para as regiões de mão de obra barata, como China, México e Índia. Mais de três quartos dos empregos domésticos desses países desenvolvidos desapareceram entre 1990 e 2012. Com a automação, que proporciona uma produção mais enxuta, flexível e sofisticada, é provável que os fabricantes tendam a oferecer produtos mais personalizados, permitindo que os próprios clientes criem, desenhem artigos exclusivos, proporcionando o êxodo de volta dessas indústrias aos seus países de origem.

Todavia, a história será muito diferente para as nações como as que compõem o grupo BRICS, acrônimo que se refere ao Brasil, Rússia, Índia e China, que, juntos, formam um grupo político de cooperação, nos quais as ocupações estão muito mais focadas no setor manufatureiro. Por exemplo, entre 1995 e 2002, a China perdeu cerca de 15% de sua força de trabalho para a robotização na manufatura.

A despeito da maioria das empresas de robótica idealizarem um conto positivo quando se trata do impacto potencial no emprego, o engenheiro Alexandros Vardakostas, cofundador da Momentum Machines, é muito direto sobre o objetivo da empresa: "Nossa intenção não é tornar os funcionários mais eficientes, mas sim, subtraí-los completamente" (FORD, 2015, p. 396).

Fundada em 2009, a Momentum Machines é uma *startup* robótica que projeta, desenvolve e fabrica robôs para produção de hambúrgueres sem qualquer interação humana. Os hambúrgueres são grelhados, personalizados com ampla variedade de temperos, condimentos e molhos e servidos a preços acessíveis devido aos baixos custos, impossíveis de serem praticados sem automação culinária.

Norbert Wiener (1894-1964), matemático norte-americano, conhecido como fundador da cibernética, em um artigo publicado no *New York Times*, em 1949, três anos depois que o primeiro computador eletrônico foi construído na University of Pennsylvania, descreveu sua visão de futuro para a automação:

> Se podemos fazer qualquer coisa de forma clara e inteligível, podemos fazê-lo por máquina. Uma revolução industrial de crueldade absoluta, completa e total, alimentada por máquinas capazes de reduzir o valor econômico do funcionário de rotina a um ponto em que não vale a pena contratá-lo seja qual for o valor do salário. (PFHOL, 2001, documento *on-line*).

Martin Ford cita em seu livro *The Rise of the Robots* que a escritora, jornalista e política canadense, Christina Alexandra (Chrystia) Freeland, ao se referir à automação das profissões, colocou um cartaz em seu apartamento com os dizeres: "A rã de classe média não está sendo gradualmente fervida; está sendo periodicamente grelhada em um calor muito elevado" (FORD, 2015, p. 977).

Em todo o mundo em desenvolvimento, computadores, robôs e *máquinas inteligentes* estão cada vez mais substituindo trabalhadores, em vez de torná-los mais valiosos. A parcela da renda de mão de obra conexa ao trabalho rotineiro diminui drasticamente, evidenciando que a ocupação da classe média está literalmente sendo *grelhada*, dissipada e desvanecida.

Na educação, as ansiedades de hoje foram causadas pelas tecnologias de ontem; as soluções tecnológicas do presente causarão arquejos amanhã. Essa circular evolução *high-tech* esconde sucintos benefícios na sala de aula, nas metodologias, nos materiais didáticos, enfim, nos processos de ensino e de aprendizagem como um todo. Trata-se de um processo suave que está continuamente transformando a forma. Se está evoluindo, está melhorando, adaptando, flexibilizando. Pela moderação, equilíbrio e morosidade da educação de adotar as novas tecnologias, muitas vezes torna-se difícil de ser notado e, portanto, dificultoso de ser elogiado.

O comedimento necessário na adoção das tecnologias nos processos de ensino e de aprendizagem eventualmente é confundido com resistência, às vezes real, de olhar o futuro. Muitos educadores o temem, por estarem presos ao presente, ao curto prazo. Não querem predicar como será o futuro da educação, com receio, incerteza e medo da rapidez das mutações causadas na sociedade, no mercado, no mundo, por meio da IA. Essa cegueira causa aflição, almejando um *status quo* permanente, sem passado nem futuro, existindo somente o presente.

A resistência à transmutação é cabal, nas matrizes engessadas, na fingida, enganosa e pseudotransmutação dos sistemas acadêmicos tradicionais em currículos por competências, nas estruturas físicas de sala de aula, nos laboratórios analógicos, nas metodologias de transmissão, nas avaliações de aprendizagem que continuam verificando, comprovando e ranqueando. Entretanto, o porvir que está sendo apontado é produto de um processo constante de evolução tecnológica, o que significa que não podemos ver coisas novas a partir de um quadro velho, para não distorcer o recém-chegado. Essa ablepsia não é anormal; em todas as épocas, houve bloqueios em perceber, compreender e aceitar a transmutação. Muitas vezes, a trajetória das metamorfoses era difícil de acreditar, parecia impossível e ridícula e, portanto, deveria ser descartada.

Em termos de possibilidades, tudo na internet é principiante. Se pudéssemos entrar na máquina do tempo e viajar para o futuro, perceberíamos que uma grande parcela dos produtos e serviços que farão parte da vida humana ainda não foram inventados. Significa que o agora é o melhor momento para criar, conceber e iniciar. Nos últimos 50 anos, nossos pais inovaram e criaram uma plataforma sólida para construir coisas realmente colossais. A porteira está aberta, disponível, liberada. Um módico naco de inteligência embutida em um processo existente eleva a sua eficácia para um nível bem superior. A vantagem obtida com a cognição de objetos tangíveis será muito maior que a obtida com a industrialização.

A IA está proporcionando equipar dispositivos com sentidos para que o ser humano possa interagir com eles. Eles não somente saberão quem somos, mas também poderão detectar quem está conosco e qual o humor dessa pessoa. Esse conhecimento permitirá que esses equipamentos nos tirem dúvidas com ternura, similar ao que esperamos de um bom amigo.

Não somente computadores, mas todos os produtos e serviços deverão interagir. Logo surgirão roupas inteligentes, como, por exemplo, com a colocação de sensores flexíveis em uma camisa de *jacquard* que medirá a sua postura, irá registrá-la e em seguida se contrairá para mantê-lo na ássana correta. A convivência entre máquina e ser humano continuará a evoluir. Poderão surgir conexões como a deteção de localização GPS, perceção de calor, visão de raio X, sensibilidade a cheiro. A interação será mais íntima, próxima, em todas as partes. Por meio das realidades virtual e aumentada, a interlocução entre pessoas será de uma maneira bem diferente.

Hoje, o mundo físico é tão enfeitado com sensores e interfaces que se tornou um mundo de rastreamento paralelo; somos continuamente vigiados. A tecnologia se tornou o substituto tegumento dos seres humanos. Pessoas sem e com deficiências, termo utilizado pela Organização Mundial da Saúde para definir a ausência ou a disfunção de uma estrutura psíquica, fisiológica ou anatômica, se comunicarão com veículos, máquinas, computadores, *smartphones*, utilizando *softwares*. Existem várias tecnologias assistivas, uma área do conhecimento que abrange a comunicação alternativa, que tem por objetivo auxiliar as pessoas com as mais diversas deficiências a desenvolverem as habilidades necessárias para expressarem suas necessidades e seus anseios:

- **Hand Talk**: uma plataforma que traduz simultaneamente conteúdos para a Língua brasileira de sinais (Libras). O aplicativo funciona com um intérprete virtual, *Hugo*, que reage a comandos de voz, texto, imagens e fotos, convertendo em tempo real os conteúdos em português para Libras. Salientando que Libras não é uma *linguagem*, e sim uma língua, pois possui morfologia, sintaxe e semântica próprias.

- **Be my Eyes**: aplicativo bastante simples inventado pelo dinamarquês, deficiente visual, Hans Jørgen Wilbe, que permite que qualquer pessoa voluntariamente possa emprestar sua visão para ajudar pessoas com cegueira para ler o prazo de validade de um produto, escolher a lata certa no armário, verificar a cor de uma peça de roupa, coisas que, na maioria das vezes, é impossível fazer sozinho.

- **Livox:** para promover melhor qualidade de vida e estimular o potencial de sua filha, Clara (9 anos de idade), com paralisia cerebral, o pernambucano Carlos Pereira desenvolveu o aplicativo *Livox* que, em latim, significa " liberdade de voz". O aplicativo consegue atender diferentes deficiências e doenças, como esclerose lateral amiotrófica (ELA), autismo e sequelas de acidente vascular cerebral (AVC).

O grau de interação está e continuará a evoluir, mas essa alta interatividade tem um custo e exigirá novas habilidades, competências e experiências. O futuro da tecnologia reside, em grande parte, na descoberta de novas interações. Qualquer produto ou serviço que não seja intensamente interativo será considerado inadequado, inútil ou impróprio. Isso é pertinente para os processos de ensino e de aprendizagem. A educação por simples transmissão de conteúdo, com os estudantes enfileirados ouvindo uma palestra, sem a participação do processo de aprendizagem, sem interação com docentes e pares, está praticamente falida.

É possível que em pouco tempo a IA não seja apenas barata, mas gratuita, livre, onipresente e facilmente acessível. Até recentemente cientistas afirmavam que a mente artificial seria hospedada em um supercomputador; no entanto, hoje já se sabe que será acomodada em uma rede com imensuráveis nodos. Qualquer dispositivo que se conecte com essa mente artificial irá partilhar e contribuir para a aumento de sua inteligência.

Protótipos já estão provindo, é o caso do brilhante, perspicaz e incrível Watson, cujo desígnio é encontrar respostas para qualquer pergunta analisando uma massa de dados em linguagem natural. Está ficando cada vez mais inteligente, pois tudo o que aprende em um exemplo pode ser celeremente transferido para outros. Responde a diversificadas questões nas áreas de medicina, comércio, finanças e educação.

Em breve, Watson estará realizando diagnósticos médicos mais confiáveis que qualquer ser humano. Transformação semelhante está prestes a ocorrer em várias áreas. Na química, que requer laboratórios com vidros, frascos, botelhas cheias de solvências, ao adicionar IA, os cientistas conseguirão realizar experimentos digitais. Eles poderão sagazmente pesquisar por meio de uma quantidade elevadíssima de dados, informações e combinações químicas em equipamentos de realidade virtual, para, *a posteriori*, reduzi-los a alguns compostos promissores que justificam examinar fisicamente em um laboratório. Nas escolas, não serão mais necessários laboratórios analógicos, uma vez que os digitais, de realidade virtual, 3D, estarão mais adequados ao perfil da geração digital, e os estudantes poderão aprender por tentativa e erro sem medo de provocar um infortúnio.

Cursos como enfermagem poderão vanecer, uma vez que é possível monitorar pacientes enfermos por meio de sensores que rastreiam biomarcadores, 24 horas por dia, e gerar tratamentos altamente personalizados, factíveis de serem instantaneamente ajustados, refinados e adequados. Tradutores instantâneos facilitarão a comunicação em todas as partes do mundo: é o caso do *Pixel Bud* da Google, que realiza a tradução em tempo real de 40 idiomas. Isso fará as escolas de idiomas minguarem apenas para aqueles interessados em se comunicar além de sua língua nativa.

A IA é *sui generis* em relação a outras tecnologias, pois está continuamente aprendendo por meio da interação de seus usuários. Por exemplo, assim que você digita *Saci Pererê* no Google e em seguida clica no ícone *imagem*, automaticamente estará ensinando a IA como o folclórico personagem brasileiro se afeiçoa. Isso significa que a cada uma das 3,5 bilhões de consultas diárias, a IA do Google aprofunda mais o seu conhecimento.

Isso é possível graças ao fenômeno *big data*. Embora o termo seja relativamente juvenil, o ato de garimpar, recolher, armazenar grandes quantidades de informações para uma circunstancial análise de dados é antigo. O conceito ganhou notoriedade a partir de 2000, quando o norte-americano Doug Laney articulou o conceito três Vs:

1. **Volume:** coletado em uma variedade de fontes, como transações, interações em redes sociais e comunicação nas mais diversas mídias.

2. **Velocidade:** os dados fluem em uma velocidade sem precedentes e devem ser tratados em tempo hábil, quiçá instantaneamente.

3. **Variedade:** os dados são gerados em todos os tipos de formatos; numéricos, estruturados, bancos tradicionais, documentos de texto, *e-mails*, vídeos, áudios, enfim, das mais variadas interações.

A avalanche dessas informações coletadas é a grande professora que fornece a escolaridade que a IA necessita para angariar sabedoria artificial.

Com o armazenamento em nuvem, a IA se tornará uma parte cada vez mais arraigada no cotidiano das pessoas. Quanto mais pessoas usufruírem, mais arguta se tornará. Quão grande clarividente for, mais pessoas utilizarão, proporcionando um aprendizado geométrico. Se a IA consegue auxiliar um humano a ser astucioso no jogo de xadrez, fica evidente que pode ajudar a escola a formar súperos professores, supremos juízes, sumos engenheiros, supernos advogados e melhores gestores.

Especialistas em IA estão apreensivos. O cientista ásio-americano Andrew Yan-Tak Ng tem expressado preocupações sobre o perigo do avanço da IA: "Robôs inteligentes ameaçam porque são capazes de fazer quase tudo melhor do que qualquer ser humano" (NG, 2015, documento *on-line,* tradução nossa).

A tecnologia poderá contrair soberania sobre si mesma, com crescente capacidade de se autoreprojetar. Os seres humanos, limitados pela baixa velocidade da evolução biológica em comparação com o avanço da IA, não teriam a menor condição de competir, pois facilmente seriam derrotados.

As *máquinas inteligentes* poderão fazer coisas inquietantes. Mentir poderá não ser um privilégio exclusivo dos humanos. Liderados pelo roboticista norte-americano Ronald Craig Arkin, pesquisadores do Georgia Institute of Technology conceberam máquinas artificialmente inteligentes capazes de trapacear. A equipe acredita que, no futuro, os seus robôs poderão ser utilizados em atividades militares. Ao aprender a arte de mentir, essas máquinas podem interferir nas estratégias de batalha ao enganar outros robôs inteligentes ou mesmo seres humanos. Evidentemente que existem preocupações éticas significativas na utilização desse tipo de IA.

Inicia-se a fase em que máquinas conseguem se expressar como *os humanos* e seres humanos podem *dialogar* com computadores. Trata-se da Inteligência Artificial Conversacional (IAC), que nutre o desafio de se comunicar verbalmente e interagir emocionalmente. Esses são os dois grandes objetivos dos assistentes pessoais Cortana, Siri e Alexa. Tais *softwares* estão sendo aperfeiçoados para que o usuário, por meio de uma conversa direta com o aplicativo, possa obter respostas de uma infinidade de assuntos, bem como ser auxiliado nas tarefas rotineiras do dia a dia.

A pergunta mais constante atualmente é:

Em que trabalho o ser humano será melhor do que os computadores?

Em nenhum! Essa não é indagação correta. É preciso perguntar:

Quais tarefas, atividades ou serviços não queremos que as máquinas inteligentes façam, apesar de poderem realizar melhor do que qualquer ser humano?

Isso é o que precisamos ensinar nossos estudantes a responder.

Nos próximos anos, o relacionamento humano com máquinas se tornará cada vez mais intricado. Não importa qual a ocupação, o que faz, qual o salário, o progresso será um ciclo previsível de negação, adoção, adaptação e flexibilização. Não é uma corrida contra ou a favor da automação. Se os trabalhadores humanos tentarem concorrer contra robôs, certamente irão ser derrotados, pois, em um futuro não muito longínquo, mais de 90% da força de trabalho rotineiro será formada por máquinas inteligentes. Tudo que é físico, repetitivo, preditivo e estressante, que se assemelha à escravização, será robotizado com IA.

Por outro lado, não significa que a tecnologia diminuirá de tal forma os custos, que as pessoas trabalharão menos porque não necessitarão de tanto dinheiro e terão muito mais átimo para o lazer. O ser humano permanecerá concebendo produtos e serviços excepcionais e carecerá de recursos para usufruí-los. O mundo continuará girando em torno do dinheiro, da economia, que é a energia para fazer, transformar e criar coisas. Essas novas invenções irão inspirar os indivíduos a trabalhar para serem capazes de comprá-las. Oportunizarão aos humanos mais tempo para conceber, imaginar, sonhar, descobrir, planejar e executar novas ocupações que envolvam raciocínio, criatividade, emoções e fantasias.

Somados aos princípios da era pós-industrial, outros arquétipos serão necessários para a fase da IA. Estamos vivenciando um momento moralmente curioso. Muitas vezes, a consciência aponta uma coisa, mas as ações dizem outra. O ser humano vive sob o maniqueísmo, dualismos sincréticos dos interesses: o bem e o mal; o certo e o errado; o bonito e o feio. O que distingue a índole de cada indivíduo tem a ver com a conduta perante a sociedade, que é regida por regras, normas comportamentais de bem viver que necessitam ser honradas, referenciadas e respeitadas.

PRINCÍPIOS DA REVOLUÇÃO DIGITAL
Ética
Cooperação
Resiliência
Liderança
Versatilidade
Flexibilidade
Adaptabilidade
Adotabilidade
Empreendedorismo

Princípios, caráter e valores morais são peças-chave para a harmonização das pessoas, em um mundo no qual as ocupações estão se tornando cada vez menos rotineiras, mais humanizadas, sensíveis e emotivas. A ética que vivenciamos nesse mundo globalizado, individualizado, robotizado, impactado pelas mídias é bem mais complexa, uma vez que os comportamentos antiéticos *vendem* mais do que as atitudes éticas. Para o sucesso pessoal e profissional, se faz mister incentivar a prática do bom comportamento. Aristóteles (2005, p. 51), em seu livro *Ética a Nicômaco*, salientava que

[...] as coisas que necessitamos aprender antes de fazê-las só são realmente aprendidas quando as fazemos. Só nos tornamos justos praticando a justiça, moderados agindo com moderação e assim sucessivamente para tudo o que se refere ao que chamamos de virtudes.

A aprendizagem da ética, portanto, se dá fundamentalmente pelo envolvimento em situações que exijam ser justo, respeitoso, solidário e não egoísta. É um processo que só termina quando cessa a existência.

Versatilidade significa ser adaptável, flexível, não ter medo de aceitar e adotar as novas tecnologias, ter profundidade em alguns temas, buscar amplitude nos fundamentos, nas competências, nas habilidades e nos conteúdos, lembrando que as ocupações rotineiras são efêmeras. O perfil profissional requerido é aquele que apresenta versatilidade de, celeremente, transmutar de uma ocupação para outra, debruçar-se sobre um problema, ir a fundo na investigação de hipóteses, granjear soluções, e que não seja *superficialista*.

Generalista é o indivíduo que tem facilidade de acomodação, flexibilidade às novas situações, transdisciplinaridade ao saber se defrontar com as ambiguidades de informações, adaptabilidade às renovadas tecnologias, habilidades comportamentais e atitudinais, versatilidade suficiente para transmutar assim que a automação substitua sua ocupação e não apenas profundo conhecimento sobre determinado assunto (Figura. 4.2). O generalista necessita ter *capacidade cognitiva*, pensar, refletir, ponderar de uma forma díspar, com diferentes entendimentos conceituais e estratégicos, propor soluções inovadoras, disruptivas, fora do convencional.

O profissional contemporâneo necessita desenvolver o *pensamento computacional*, estar incessantemente atualizado com as novidades tecnológicas. Isso não significa ser capaz de conceber *softwares* de aplicativos, mas saber utilizá-los, entender o processo por trás daquela tecnologia para alcançar uma informação, tomar decisão baseada em dados, conhecer as novidades do mercado, saber lidar com diferentes linhas de raciocínio e díspares níveis de complexidade.

O mercado cada vez mais exige competências multifuncionais (*cross-functional*), em detrimento da simples habilidade técnica. Os requisitos incluem excelente comunicação oral e escrita, capacidade de filtrar, processar, discernir, escolher e decidir sobre múltiplas fontes de informação, pensamento lógico aplicado à análise de probabilidades, raciocínio indutivo, no qual a argumentação respalda-se em uma premissa particular para atingir uma conclusão universal, raciocínio dedutivo que parte de uma generalização para a particularidade.

Figura 4.2 | Comportamento humano na Era Digital.

Empreendedorismo, capacidade, vontade, de desenvolver, planejar, organizar, executar e gerenciar um empreendimento assumindo riscos: o espírito empreendedor caracteriza-se pela inovação, criatividade, assunção de riscos em uma conjuntura cada vez mais globalizada, automatizada, competitiva e mutatória.

O empreendedorismo é um dos principais motores que poderá substituir as ocupações expugnadas pela automação e pela IA. As pessoas expostas ao empreendedorismo são mais otimistas, orientadas para o futuro, promovem metamorfoses que outros indivíduos tão somente sonham, têm mais oportunidade de exercer liberdade criativa, maior autoestima, não ficam expostas a tirania da IA, têm controle de suas próprias vidas. A promoção de uma cultura empreendedorista minimizará a substituição de profissões, maximizará o sucesso econômico e social, individual e coletivo, em escala local, nacional e global.

Para a educação, o empreendedorismo deverá se tornar um processo de aprendizagem ao longo da vida, começando desde o ensino fundamental até a educação superior. Os padrões e seus indicadores de desempenho de apoio são uma estrutura para que os docentes utilizem na concepção de objetivos apropriados atividades de aprendizado e avaliações próprias ao perfil do público-alvo. Usando esse quadro, os alunos terão atividades educacionais progressivamente mais lúdicas, desafiadoras, aplicáveis na vida real, experiências que lhes permitam desenvolver a visão necessária para descobrir e criar oportunidades, conhecimento para conceber, iniciar, gerir com êxito seus próprios projetos e tirar proveito dessas oportunidades.

A ética, a versatilidade e o empreendedorismo, somados aos princípios da Revolução Pós-industrial, são fundamentais a esse mundo, no qual a robotização, a automação e a IA passam a promover uma metamorfose assustadora, com a dizimação de profissões, exigências de competências inusitadas, concepção de tecnologias inimaginadas, problemas e anomalias imponderáveis, imprevisíveis e intimidativas.

PARTE 2

DISRUPÇÃO SINGULAR

Se eu não encontrar um caminho... eu crio um.

Rui Fava

Capítulo 5

Papel e tinta preta *versus* tela digital

Livros são os mais silenciosos e constantes amigos; os mais acessíveis e sábios conselheiros; e os mais pacientes professores.

Charles William Eliot
1834-1926

Na história antiga, a cultura girava em torno da palavra falada. A arte de se expressar em público era de suma relevância. A eloquência constituiu um gênero literário muito cultivado, era estudada, desenvolvida e praticada como um meio para alcançar fama, notoriedade e prestígio social e político. As habilidades para recitação memorizada, a retórica, incutiram nas sociedades verbais uma reverência pelo passado ambíguo, subjetivo, ajaezado.

    A escrita surge em decorrência da necessidade que o homem tinha de controlar o ambiente em que vivia. Ela possibilitou que houvesse maior consciência sobre os fatos e permitiu a organização do pensamento. Ao se cambiar a transição da oralidade para a escrita, houve quem não acreditasse, criticasse e não aceitasse. É o caso de Sócrates. Para ele, a escrita traria dois inconvenientes: perda da memória interna e probabilidade de transmissão de um conhecimento estático sem que o autor conseguisse enxergar se o leitor o estaria entendendo corretamente. Trata-se de resistência de uma cultura baseada na oralidade diante de uma nova tecnologia que iria provocar grandes mutações nas práticas culturais em todas as sociedades por onde, de uma forma ou outra, se estabeleceu, criando no indivíduo a noção de tempo linear, progresso e atualização das informações.

A invenção do telescópio por Galileu Galilei, no século XVII, revolucionou a astronomia. A tecnologia da máquina de impressão em tipos móveis do alemão Johannes Gutenberg, em 1430, provocou uma enorme revolução na modernidade, exaurindo a fase da palavra verbal. Por meio de cópias baratas e bem-feitas, o texto impresso tornou-se o motor das enormes mutações em todas as áreas de conhecimento.

O primeiro jornal, *Acta Diurna,* surgiu em Roma (59 a.C.) devido ao desejo do ditador Caio Júlio César de informar sobre os acontecimentos sociais e políticos, bem como divulgar eventos programados para cidades próximas. O jornal era escrito em grandes placas brancas, expostas em locais públicos. Contudo, foi com a prensa de Gutenberg que se inaugurou a fase do noticiarista profissional, que permitiu o livre intercâmbio de ideias, culturas e conhecimento. A nova tecnologia provocou o surgimento de profissões como jornalista, escritor, plumitivo, redator, repórter, editor, bibliotecário, livreiro e gazeteiro.

Antes da propagação do livro impresso, a literatura se restringia às peças teatrais, como pode ser exemplificado nas últimas cenas do filme de John Madden, *Shakespeare apaixonado* (1999). Existiam, no passado, variadas maneiras de ler o livro. *Dom Quixote de La Mancha*, de Miguel de Cervantes, era lido em silêncio, mas também em voz alta para uma plateia de ouvintes, talvez uma inspiração para os atuais *audiobooks*. Na Renascença, a leitura e a escrita eram acessíveis a um minguado número de pessoas que utilizavam uma técnica conhecida como *loci communes* (lugares-comuns). Esse método foi utilizado na educação jesuíta no início da colonização brasileira. Os alunos faziam as *reportationes*, anotações para serem memorizadas em um caderno, *loci communes*, onde registravam por ordem assuntos, frases significativas, palavras e pensamentos ou completavam anotações com citações transpostas dos clássicos.

Livros produzidos em massa alteraram a forma como as pessoas estudavam, aprendiam e pensavam. A tecnologia expandiu o número de palavras disponíveis em todas as línguas vivas, alargando as opções de comunicação, diversificando as possibilidades de escolha de mídias escritas. As viabilidades foram ampliadas; além dos *tomos* acadêmicos, surgiram biografias, romances, contos e poesias. As pessoas podiam escrever e divulgar ideias por meio de folhetos para apoiar ou se opor ao *status quo*. Livros, contratos, leis e regulamentos foram escritos e nada seria válido, a menos que fosse pousado em palavras no papel. A pintura, a música, a arquitetura e a dança eram maravilhosas, mas a batida do coração era o deleite, a satisfação de folhear um livro. Substitui-se a cultura da escrita pela cultura do livro.

Essa cultura reprodutiva fez aflorar, no último século, a maior realização humana que o mundo assistiu, uma magnífica época de ouro das obras criativas. Cópias físicas e baratas, em escala, permitiram a milhões de pessoas ganharem a vida diretamente da comercialização de sua arte, sem a suspicaz dinâmica de ter de confiar apenas no patrocínio dos mecenas. Não somente os autores e artistas se beneficiaram desse modelo, mas o público também. Pela primeira vez, pessoas comuns puderam entrar em contato regular com as grandes obras e os melhores clássicos.

Todavia, outra metamorfose tão ou mais disruptiva está acontecendo. Hoje, mais de 5 bilhões de telas digitais iluminam a vida das pessoas em toda a Terra. Os fabricantes de *displays* digitais produzem mais de 3,8 bilhões de painéis eletrônicos por ano. As palavras estão rapidamente migrando da polpa da madeira para *pixels* em computadores, *laptops*, *smartphones*, televisões, *tablets* e *outdoors*. As letras não mais são fixadas em papel com tinta preta, mas grafadas em superfícies de LED orgânico, que ostentam um arco-íris de cores naturais quase que perfeitas.

Indubitavelmente, somos *pessoas das telas*. Estão em todas as partes: nos bolsos, nas pastas, nos painéis, nos telões, nos quartos, nas salas, nas cozinhas, nos banheiros, nas paredes externas de edifícios. Elas se prostram em nossa frente quando nos divertimos, descansamos, trabalhamos, independentemente do que fazemos. Estamos no olho do furacão da disputa de duas culturas: a dos livros em papel e tinta preta *versus* a das telas digitais em *pixels* ultracoloridos.

Salienta o historiador francês Roger Chartier (1945): "Estamos vivendo a primeira transformação da técnica de produção e reprodução de textos, e essa mudança na forma e no suporte influencia o próprio hábito de ler" (apud ZAHAR, 2014, documento *on-line*).

Os textos eletrônicos são abertos, maleáveis, gratuitos, minudências opostas às da exposição tradicional. Para ser publicado, um texto deve ser estável, seguro e fixo. Na internet, os escritos eletrônicos devem prosseguir protegidos, ou seja, não podem ser alterados, devem ser comprados e baixados integralmente.

Assim, o futuro do livro passa pela oposição entre comunicação eletrônica e publicação eletrônica, entre maleabilidade e gratuidade.

Ao longo da história, assistimos à transfiguração da leitura oral para a silenciosa, à expansão dos livros e à transmissão eletrônica de textos. Nunca, na memória da humanidade, houve uma metamorfose tão radical, inexorável e profunda na técnica de produção e no suporte de textos. Os livros já existiam antes de Gutenberg, mas as práticas de leitura lenta se alteraram com a possibilidade de imprimir exemplares em larga escala. Hodiernamente, encontramos nas telas dos computadores, celulares e *mobile equipment* um novo suporte e uma nova prática de leitura, muito mais efêmera, rápida e fragmentada. Isso abre um mundo de possibilidades, mas também muitas preocupações, instigações e provocações para quem gosta de ler e, sobretudo, para os educadores, que precisam desenvolver em seus alunos o prazer da leitura.

Mesmo com todos esses desafios, Chartier acredita que a internet pode ser uma poderosa aliada para manter a cultura escrita:

> Além de auxiliar no aprendizado, a tecnologia faz circular os textos de forma intensa, aberta, universal. Irá criar um novo tipo de obra literária ou histórica. Hoje dispomos de três formas de produção, transição, transmissão de texto: a mão, impressa e eletrônica. Elas coexistem. (apud ZAHAR, 2014, documento *on-line*).

Atualmente, quase todos são pessoas da tela. As pessoas da tela tendem a ignorar a lógica clássica dos livros ou a reverência pelas cópias em papel. Preferem o fluxo dinâmico de *pixels*, das telas de cinema, da TV, dos computadores, dos *smartphones*. Pixel é a menor unidade representada pela tela de um computador. Quanto maior a resolução da imagem, mais *pixels* ela apresenta, maior o número de detalhes de cores disponíveis.

A cultura da tela é um mundo de fluxo, deslocamento, fluidez constante, de intermináveis trilhas de som, cortes rápidos nas imagens, textos fortuitos, repentinos e causais. Tudo está interligado. As verdades não são entregues pelos autores, mas montadas em tempo real, peça por peça, pelo próprio legente. As pessoas da tela constroem seus próprios conteúdos, suas próprias convicções. As cópias fixas não são tão importantes quanto o fluxo de acesso. A cultura da tela quer abertura para participar de forma similar a uma página na *Wikipedia*. Exige celeridade, como o *trailer* de um filme de, no máximo, 30 segundos, um objeto de aprendizagem em vídeo de não mais que 5 a 10 minutos.

Na cultura de tela, as imagens se fundem, as cores se intercalam, se misturam, se alternam, as palavras se movem, ocasionalmente transmutam de significado. De quando em quando, persistem maior quantidade de imagens que palavras; em outros momentos, nem existem palavras, apenas diagramas, glifos, ícones e símbolos que podem ser decifrados em múltiplos significados. Tal fluidez é terrivelmente enervante para os educadores, bem como para os atuais processos de ensino e de aprendizagem, que são baseados na lógica do texto escrito.

Pessoas do livro buscam soluções por meio de leis, normas, regras e costumes, enquanto *pessoas da tela* aspiram na tecnologia a elucidação para todas as anomalias. Tratam-se de perspectivas e conceitos muito diferentes. A educação necessita acordar para isso, pois certamente os processos de ensino e de aprendizagem não deverão e não poderão ser mais os mesmos. Os educadores estão apreensivos, inquietos e angustiados com essas duas culturas em tal grau antagônicas. Essa constante tensão é a nova ordem. Tudo se iniciou há 50 anos, com as primeiras telas que invadiram nossas salas de estar. Esses altares incandescentes reduziram o tempo de leitura a tal ponto que leva a crer no desaparecimento da leitura. Ler, analisar e interpretar um livro, um artigo, uma revista ou um jornal impresso (no sentido físico, analógico e não digital) aparenta ter se tornado dispensável, substituído por uma tela de um dispositivo eletrônico.

Hoje contemplamos palavras que flutuam de maneira não linear nas letras de um vídeo musicalizado, que se deslocam para cima, para baixo, para os lados. Podem-se ver balões de diálogo escritos falados por um avatar em uma realidade virtual, clicar nos rótulos dos objetos em um *game*, decifrar as palavras em um diagrama *on-line*. Não existe a leitura. Perdura a prossecução e o rastreamento. A dinâmica engloba não somente ler, mas também observar, espiar, contemplar as imagens e rastrear as palavras. Ao contrário dos livros analógicos, as telas estão sempre luzentes. Somos quase prisioneiros, dependentes, submissos, e não conseguimos deixar de lobrigar, admirar, mirar e olhar para elas.

Os educadores temem que o hábito da leitura decairá. Se isso ocorrer, será que simplesmente se abandonará essa vasta fundamentação textual que subjaz à nossa atual civilização? Como fazer para os estudantes aderirem à racionalidade linear incentivada pela cultura do livro? Como controlar o comportamento, se os processos de ensino e de aprendizagem estão sendo substituídos por linhas e códigos digitais? Quem irá remunerar os autores, construtores de materiais didáticos, produtores de objetos de aprendizagem em vídeo, se quase tudo está disponível gratuitamente ou pode, de forma ilegal, ser pirateado na internet? O que poderá substituir os ensinamentos sólidos, cravejados e consistentes da leitura de um livro? Como deverá ser a educação nesse mundo diferente, digital, não linear, dinâmico, inquieto e movediço?

Eruditos afirmam que um livro é aquele lugar imaginário, quimérico, às vezes utópico, em que a mente divaga quando se está lendo. É um estado abstrato, metafísico e conceitual de imaginação que se poderia chamar de recinto literário. Quando se está envolvido nesse espaço de leitura, o cérebro funciona de forma distinta do que quando se está no ócio, zapeando com o controle remoto da televisão ou grudado no smartphone perambulando pela internet. Pode-se passar horas na *web* e nunca encontrar esse recinto literário de estudo, ensino e aprendizagem. Obtém-se tão somente fragmentos, linhas e vislumbres. Esse é o grande deslumbramento da internet: várias peças conectadas frouxamente. Mas sem algum tipo de confinamento, esses fragmentos rodopiam coadunados, levando a atenção do leitor para fora da narrativa, do argumento central.

Certamente houve dispositivos que ajudavam na leitura, no estudo e na aprendizagem. Antes eram os sofás, as cadeiras, as almofadas, as camas, os travesseiros. Hoje são os *E-readers*, *tablets* e *smartphones*. Os celulares são os mais surpreendentes. Era inconcebível que alunos estudassem, navegassem, lessem um livro, um artigo, em uma pequena tela brilhante de poucos centímetros de largura. Realmente, esses jovens digitais surpreendem. Já estão em testes dispositivos menores que uma caixa de fósforo. A vista permanece estática, fixada em palavras que se alternam. Assim, o olho lê uma sequência de palavras que formam uma frase, um texto, um livro. Uma pequena tela na qual cabe apenas uma palavra legível que pode ser expandida em território fácil de transportar em que podemos ler, estudar, em qualquer lugar, em qualquer tempo. Literalmente, carregaremos uma biblioteca inteira no bolso. O livro deixa de ser um artefato estático, um substantivo; passa a ser um verbo, um fluxo contínuo para pensar, escrever, pesquisar, editar, reescrever, compartilhar, aprender e socializar. Na verdade, um fluxo que poderá gerar outro livro, uma nova aprendizagem, um principiante conceito ao longo do caminho.

A educação necessita, de alguma forma, adotar os princípios da cultura de tela, adaptar-se às tecnologias que poderão permitir que os estudantes aprendam mais rapidamente conceitos, consigam aplicar e desenvolver habilidades, como discernir, escolher e decidir. Os docentes necessitam aprimorar as técnicas instrutivas, o compartimento de metodologias, o compartilhamento de conhecimentos. Precisamos de currículos por competências, menos estáticos e mais dinâmicos. A cultura da tela permitirá maneiras novas, disruptivas, quem sabe melhores, de ensinar, estudar, aprender, e criará possibilidades além do limite de nossa imaginação. Para usufruí-las, os educadores e gestores deverão estar de mente e coração abertos a todas essas possibilidades.

Capítulo 6

Realidade aumentada e realidade virtual

> *Gravar pensamentos e sonhos é o próximo passo para realidade virtual e realidade aumentada.*
>
> **Mark Elliot Zuckerberg**
> *2016*

Durante séculos, a tradição cultural ocidental esteve assentada na robusta valorização da palavra e no prestígio da literatura e da filosofia. Entretanto, com o advento das tecnologias de comunicação digital, a imagem adquiriu uma importância sem precedentes na vida cotidiana, com ênfase no processo de ensino e de aprendizagem.

Quando se discute o sequenciamento de aprendizagem, é fato que cada geração traz consigo suas características intrínsecas, mas procura moldá-las, adaptá-las e integrá-las aos novos arquétipos de tecnologia digital e às redes sociais interativas e participativas. Os jovens contemporâneos preferem

aprender imagem em movimento, imagem fixa, som e texto. Quando se pensa em imagem em movimento, realidade aumentada (RA) e realidade virtual (RV) passam a ser excelentes aliadas.

Não obstante pertençam a um mesmo âmbito da tecnologia imersiva, é corriqueiro tratar RA como sinônimo de RV. Entretanto, não são a mesma coisa; cada uma tem suas particularidades. A principal dessemelhança está no fato de que, enquanto a RV propicia a imersão do utente em um ambiente 3D, a RA desloca elementos do mundo virtual para o real.

Ao utilizar a RV, o indivíduo terá uma experiência multissensorial, com interação em tempo real, pois estará imerso em um espaço de conexão tridimensional, sendo capaz de simular ações, meneios, gestos e movimentos. Já no caso da RA, não se trata de uma nova realidade criada. O que ocorre é que elementos 3D são inseridos em ambientes reais.

Um exemplo da aplicação dessa tecnologia é o jogo *Pokémon Go,* desenvolvido pela Niantic, Inc., empresa de desenvolvimento de *softwares* em RA por meio de dispositivos móveis distribuídos pela Nintendo, companhia japonesa de jogos eletrônicos. O *game* desenvolvido para *smartphones* utiliza RA para que o jogador consiga capturar os monstrinhos e treiná-los para disputar batalhas com outros combatentes. Os *pokémons* podem ser capturados em diversos locais da vida real, por meio da câmera do celular. Isto é, em vez de adentrar em um ambiente tridimensional como na RV, é o 3D que imerge no mundo real por meio da RA.

O intuito de amalgamar mundo virtual com mundo real, propiciando maior interação entre seres humanos e máquinas inteligentes, é o mesmo; o que se altera é a guisa como isso ocorre. Na RV, o usuário pode ter a sensação de estar em um outro lugar, vivenciando, realizando coisas que não existem, como se fosse a *Matrix*, evidentemente sem os riscos que sucedem no filme de Lana Wachowski e Lilly Wachowski. Na RA, o usuário consegue brincar e interagir com imagens gráficas sobrepostas em ambientes reais, obtendo a nítida impressão de que elas realmente fazem partes deles.

A RA funciona da seguinte forma: primeiro, se faz necessária uma *webcam* ou qualquer outro dispositivo que consista a concepção, a criação e a interpretação de objeto virtual. A câmera irá transmitir a imagem que deverá ser combinada com a animação. Doravante, entra em ação o *software* inteligente capaz de interpretar o sinal transmitido pela *webcam*. A fotografia capturada será projetada com uma imagem em 3D, previamente incluída no aplicativo incumbido pela renderização das ilustrações (processo pelo qual se obtém um processamento digital). Como a câmera está capturando as imagens em tempo real e mesclando-as com animações, essa adjeção causa o efeito de RA.

No tocante à RV, para que o usuário seja capaz de imergir em um mundo virtual, serão necessários três componentes: um equipamento capaz de executar o *software* (p. ex., computador, *laptop*, *tablet* ou *smartphone*), óculos 3D (é pertinente utilizar *headsets* para evitar qualquer estímulo externo) e algum dispositivo de controle. Esses itens atuam em conjunto para gerar em frente aos olhos do usuário um novo ambiente, capaz de enganar os sentidos, de forma que a mente acredite que aquilo efetivamente é real.

Um ingrediente significativo para a RV é o movimento. Com os óculos 3D, não importa para onde a pessoa olhe, a visão gerada acompanhará. Isso é factível porque os dispositivos de RV são supridos com equipagens denominadas IMU (*Inertial Measurement Unit*). As IMUs são estruturadas com um *acelerômetro*, instrumento para medir aceleração ou detectar e medir vibrações; um *giroscópio*, dispositivo que utiliza a força da gravidade a fim de enunciar qual é a posição de um objeto no espaço; e um *magnetômetro*, instrumento que mede os campos magnéticos, responsável por fornecer a orientação dos óculos 3D em relação à Terra, como se fosse uma bússola tridimensional. Esses dispositivos permitem que, quando manipulados, o usufrutuário interaja com o mundo virtual.

Com a RV, o sujeito poderá pilotar uma aeronave no espaço, se divertir em uma montanha-russa, nadar com golfinhos, visitar pontos turísticos, deambular literalmente dentro do corpo humano. Existe uma infinidade de possibilidades que devem crescer ainda mais nos próximos anos. Quanto mais perto das rotinas reais, mais lúdica, jocosa e deleitante será a experiência.

Tanto a RV quanto a RA vêm sendo utilizadas em múltiplas áreas. A título de exemplo, o *Google Glass*, dispositivo similar a um par de óculos, quando fixado nos olhos, dispõe de uma pequena tela acima do campo de visão. Esta exibe ao usufruidor mapas, previsão de tempo, opções de músicas, itinerários; ademais, é exequível efetuar chamadas de vídeo, fotografar e instantaneamente compartilhar na internet.

A IKEA, empresa transnacional privada, de origem sueca, especializada na venda de móveis domésticos de baixo custo, disponibiliza a tecnologia RA em um aplicativo de *smartphone* para que os clientes possam projetar os móveis nos ambientes que desejam em tamanho real e, assim, visualizar como eles se ajustam ao local antes de finalizar a compra.

Na educação, as duas tecnologias dispuseram mais proximidade do conteúdo à vivência dos estudantes. Eles podem desfrutar de imagens integradas à realidade tridimensional, que fogem do padrão apenas bidimensional dos objetos, como vídeos e *e-books* interativos. Justamente por seu espectro tecnológico ter integrado as tecnologias anteriores, o impacto na educação será muito mais potente. À vista disso, no processo de ensino e de aprendizagem, os conteúdos serão didaticamente mais bem explicados, e realidades anteriormente distantes serão agregadas à própria rotina de forma muito mais simples.

Idealize uma sala repleta de estudantes averiguando as cachoeiras da Chapada de Guimarães, caminhando ao lado de jacarés, tuiuiús, capivaras e até sucuris no pantanal mato-grossense, descobrindo a grandiosidade da Amazônia, passeando pelo interior da usina de Itaipu, voltando no *túnel do tempo* para vivenciar a queda da Bastilha ou simplesmente aterrissando na lua ao lado de um astronauta. Que deleitosa viravolta na educação! A RV afasta *meramente o aprender* para dar lugar ao vivenciar, experienciar, degustar, *sofisticadamente sentir o conteúdo*. Não se trata de uma ferramenta de engajamento, de um truque, de um artifício; a RV permite que um estudante explore, averigue, experimente, testemunhe, envolva-se em algo como se estivesse verdadeiramente presente naquele ambiente digital.

Alguns processos têm destaque na utilização de RA na educação como método de ensino:

- **Anatomia humana:** a área de saúde será uma das maiores beneficiadas com a implementação da RA em seus processos. A tecnologia facilitará cada vez mais tanto a aprendizagem em relação à anatomia humana quanto aos processos cirúrgicos simulados.

- **Planejamento espacial:** a integração de espaços planejados com ambientes existentes será destaque na utilização da RA na arquitetura, engenharias, *design* de interiores, *design* de moda, possibilitando uma melhor visão do recinto que se estará criando. Certamente, isso alterará a forma de ensinar e a maneira como esses profissionais trabalharão.

- **Processos industriais:** a montagem de máquinas se tornará mais descomplicada. Por meio da aprendizagem via RA, os processos, que são complexos, se converterão em técnicas mais didáticas e fáceis de ensinar.

- **Troca de informações:** a cultura vem incorporando novas tecnologias aos seus produtos e serviços. A RA está possibilitando uma maior disponibilidade de informações e de interações com os objetos. Os museus são grandes exemplos dessa agregação.

- **Ensino de idiomas:** com a RA, todo o conteúdo do idioma está sendo deslocado à realidade do estudante, possibilitando o alcance da fluência de forma mais célere e espontânea.

Com a RV, uma série de benefícios vem sendo gerada para o estudante, independentemente da área de conhecimento:

- facilita a apreensão, a assimilação, a memorização e o entendimento do tema estudado;
- alicia os estudantes às aulas de forma mais lúdica, criativa, desafiadora e cativante;
- estimula a aprendizagem cognitiva de maneira mais célere, pois se faz uso do *know-how* da geração digital;
- enriquece as atividades com objetos de aprendizagem digitais;
- promove o estudo de forma mais interativa, dinâmica, colaborativa e participativa;
- agrega as competências, as habilidades e o conteúdo ao mundo real.

Uma característica primordial é que essas tecnologias se respaldam com a familiaridade dos estudantes com esse incrível, deslumbrante e apaixonante mundo digital. Além disso, é possível criar desafios e necessidades que, além da aprendizagem, proporcionam novidade e diversão, fazendo os alunos se sentirem confiantes, dando-lhes um sentido a mais para a exploração e, ao mesmo tempo, conectando-os socialmente e desenvolvendo cooperação, resiliência, ética e, principalmente, quatro inteligências: volitiva, decernere, emocional e cognitiva.

Capítulo 7

Deuses e deusas da tecnologia

O que a lagarta chama de fim, o resto do mundo chama de borboleta.

Lao Tsu
Séc. XIV e IV a.C. - 531 a.C.

Um dos conceitos mais aliciantes da história é a influência dos mitos. É instigante a maneira pela qual os deuses ditavam o modo de vida dos povos antigos. Para os gregos, as divindades, além de prescreverem os fenômenos naturais, também intervinham nos comportamentos humanos.

A narrativa mitológica envolve hipotéticos acontecimentos relativos a épocas primigênias. O factual objeto do mito não são os deuses, mas a manifestação de um tautócrono de fenomenais ocorrências com que se procura dar sentido à vida. Um exemplo é o mito da *Caixa de Pandora*, uma história contada pelo poeta oral grego Hesíodo (750-650 a.C.), que narra a chegada da primeira mulher à terra:

Em tempos muito, muito longínquos, não existiam mulheres no mundo, apenas homens que viviam sem envelhecer, sem sofrimento, sem cansaço. Quando chegava a hora de morrerem, faziam-no em paz, como se simplesmente adormecessem.

Um dia, Prometheus – um titã a quem, conforme Hesíodo, foi dada a tarefa de criar os homens – roubou o fogo a que somente os deuses tinham acesso e entregou-o aos homens, para que também pudessem usufruir na defesa contra os animais ferozes, na elaboração dos alimentos, na garantia de aquecimento nas noites geladas.

Zeus, o pai dos deuses gregos, não poderia deixar sem punição a afronta de Prometheus.

> Chamou Hefesto, seu filho com Hera – rainha do Olimpo, deusa do casamento e da fertilidade – e mandou que criasse a primeira mulher, Pandora, que significa "todos os dons", e cada um dos deuses dotou-a com uma das suas características. Afrodite, deusa do amor e da sexualidade, deu-lhe beleza e poder de sedução; Atena, deusa da sabedoria e das artes, fê-la astuciosa, concedendo habilidades dos labores femininos; Hermes, deus olímpico da fertilidade, da magia e da divinação, deu-lhe a capacidade de iludir, fingir, ludibriar.
>
> Zeus ofereceu-a de presente a Epimeteu, titã, irmão de Prometheus, criador dos animais. Epimeteu, contrariando a advertência do irmão, que lhe pediu que nunca aceitasse qualquer dádiva vinda de Zeus, deixou-se seduzir pela encantadora Pandora e casou-se com ela.
>
> Pandora trazia consigo um presente dado por Zeus, uma jarra (caixa de Pandora), bem lacrada, com a recomendação de não abri-la. Contudo, vencida pela curiosidade, decidiu levantar somente um pouquinho da tampa para tentar descobrir o que continha. Instantaneamente, desprenderam-se todos os males que até então os homens jamais conheceram.
>
> Assustada, Pandora fechou a jarra o mais depressa possível. Mas era tarde demais: todos os males haviam evadido para castigar os homens. Bem no fundo da caixa, restava apenas uma minúscula, tímida coisa, a esperança. Talvez seja esta a origem do adágio popular: "a esperança é a última que morre". De fato, com todos os males do mundo, somente a esperança, guardada no fundo de nossos corações, pode nos proporcionar o ânimo de nunca desistir. (STEIN, 2014, documento *on-line*).

Não se pode afirmar que a tecnologia seja uma caixa de Pandora, contudo, certamente contém características positivas e negativas. Não há como negar os benefícios que obtivemos com os avanços tecnológicos, mas estar ciente dos aspectos negativos e prejudiciais do uso excessivo de eletrônicos evitará armadilhas desnecessárias. O isolamento social, por exemplo, pode ser um problema. Muitas pessoas estão corporalmente próximas e emocionalmente distantes, fisicamente perto, todavia não juntas, pois ficam isoladas em seu próprio mundo digital, muitas vezes enfurnadas na tela de um dos mais desejados, dominantes e prestigiosos deuses tecnológicos: o *smartphone*.

Com altitude de 2.917 metros, o Monte Olimpo é o ponto mais alto da Grécia. Na mitologia, foi considerado a morada dos deuses gregos. O acesso à sagrada mansão era feito por meio de um grande portão azul coberto por nuvens brancas. Metaforicamente, podemos proclamar que *a tecnologia é o Olimpo dos deuses contemporâneos*. Alguns passam, iluminam nossas vidas e logo se vão. Outros permanecem por mais tempo.

Deméter, a deusa da internet

O perigo do passado era que os homens se tornassem escravos. O perigo do futuro é que os homens se tornem autômatos.

Erich Fromm
1900-1980

A internet é como Deméter, deusa grega da fartura. É sinônimo de eficiência, de facilidade e de velocidade de informação. Sem dúvida, tornou-se parte diuturna de nossas vidas. Para qualquer lugar que se olhe, pode-se ver pessoas usando a internet para jogar, pesquisar, se informar, se divertir, se emocionar, comprar, vender, pagar, receber, compartilhar, interagir, estudar, ensinar, aprender. Somados às facilidades de encontrar vários serviços, os *sites* de redes sociais são um dos mais importantes e populares tópicos de interesse geral.

A internet está em uma evolução constante. A conexão lenta e chiada é coisa do passado. No princípio, eram cabos e fios, depois o *Dial Modem*, ou internet discada, pouco utilizado devido à baixa velocidade, irritante ruído, quedas constantes, principalmente quando alguém desavisado tirava o telefone do gancho. Foi substituído pelo *Digital Subscriber Line* (xDSL), com velocidade até cinco vezes mais rápida, mas que utiliza linha telefônica, todavia, como está plugado a um *modem* externo, não necessita de ligação para a operadora.

A evolução persiste com a *internet a cabo*, que não necessita de linha telefônica, é de alta velocidade e possibilita a criação de redes de computadores rateando a conexão com múltiplas máquinas. Todavia, tem o desconforto de ficar presa a um *desktop*. Com os *notebooks*, veio a mobilidade que abriu caminho para as conexões que dispensam fios e cabos, como:

- *conexão wireless* (*Wi-Fi*), distribuída por meio de roteador;

- *conexão por rádio*, cujo sinal é enviado por uma antena e recebido por uma torre de transmissão, posicionada em lugares altos que não ofereçam barreiras para as ondas;

- *conexão por satélite*, que funciona de forma semelhante à conexão por rádio, podendo ser acessada de qualquer lugar do mundo, razão pela qual se trata de um dos métodos mais caros de acesso à internet;

- *conexão WiMax,* versão mais potente do que a rede *Wi-Fi*, tanto em velocidade quanto em cobertura;

- *conexão 3G*, que está presente em praticamente todos os celulares. Os sinais são enviados pelas mesmas torres que enviam o sinal de telefonia, o que proporciona um amplo raio de alcance;

- *conexão Long Term Evolution* (LTE), também conhecida como 4G (quarta geração), que alcança velocidade inimaginável quando comparada à conexão 3G. É um padrão de redes celulares que permite banda larga móvel com velocidades de conexão de até 100 Mbps, possibilitando uma maior abrangência de comunicações de voz e de transferência de dados.

Há uma série de artigos tentando prever como a internet e o mundo tecnológico vai se desenvolver. A RA e a RV desempenharão papéis importantes. Os atuais dispositivos móveis permitem acessar a internet no mundo real, mas *mobiles* da próxima geração projetarão a internet ou a incorporarão ao mundo real por meio de uma forma de RA. O *Google Glass* foi pioneiro nesse espaço, enquanto o *HoloLens* da Microsoft parece promissor para esculpir o caminho para o futuro.

Para alguns estudiosos, a conexão à internet será comoditizada, permanente, automática, sem necessidade de senhas para o acesso individual. Com uma conexão constante, a privacidade se tornará uma preocupação ainda maior. A *internet das coisas* amadurecerá plenamente, conectando geladeiras, despertadores e vários outros aparelhos domésticos. Em mais 15 anos, essa conexão se estenderá a veículos, carteiras e monitores de saúde. Quanto mais livre fluir a informação, mais poder, liberdade e interação teremos. Essa verdade conduzirá nosso desejo de conectar tudo o que for possível à internet.

Por tudo isso, a deusa internet é uma gigantesca e heterogênea biblioteca com todo e qualquer tipo de dado e informação que o homem possa desejar, bem como um quadro de mensagens mundial, rede telefônica e meio de publicações. Está disponível ininterruptamente. Similar a Deméter, é a deusa da fartura tecnológica, incrivelmente valiosa para qualquer informação, assunto, interação e compartilhamento que o ser humano possa imaginar.

Hermes, o deus da televisão

> A televisão matou a janela.
>
> **Nelson Rodrigues**
> *1912-1980*

Filho de Zeus e Maia, descendente do gigante Atlas, que foi condenado por Zeus a segurar o céu em seus ombros, Hermes era conhecido como o mensageiro dos deuses, muito habilidoso na arte de comunicar as ideias por meio da linguagem. Constituía-se como o deus da permuta sobre todas as formas. Era invocado por quem queria adquirir os dons da memória, da palavra e da oratória. Ocupava-se da paz, da guerra, das querelas, dos amores dos deuses no interior do Olimpo e dos interesses gerais do mundo.

Responsável e encarregado de fornecer e servir ambrosia à mesa dos imortais, divulgava os jogos, as assembleias, escutava os discursos, respondia-os por si ou de acordo com ordens recebidas. Deus da eloquência, da arte de bem falar, dos viajantes, dos negociadores, dos espertalhões, dos trapaceiros e dos corruptos. Embaixador, emissário, plenipotenciário dos deuses, assistia, divulgava tratados, alianças, acordos, sancionava-os, ratificava-os. Acompanhava e noticiava as declarações de guerra e paz. Vigilante implacável, atento e alerta de todas as coisas. Sua figura era jovem, alegre; se movia muito rápido, dizia que podia voar como o vento. Encarnava rapidez, flexibilidade, fluidez, até mesmo a tendência de cometer erros. Entre suas características humanas, dizia-se que era honesto, mas também poderia ser mentiroso, enganador e até mesmo ladrão. Certamente Hermes é o fiel representante da televisão.

Ainda estudante, em 1906, o russo Vladimir Kosma Zworykin discutia com seu mestre, o professor Rosing, a possibilidade de criar a televisão. Contudo, somente na década de 1920, morando nos Estados Unidos, Zworykin conseguiu tempo, dinheiro e assistência técnica para concretizar seu sonho. Inventou o cinescópio, tipo de válvula em que se forma a imagem nos aparelhos de TV, razão pela qual é considerado um dos *pais da televisão*. Em 1923, patenteou o iconoscópio, que serviu de base para a criação das câmeras de vídeo.

O engenheiro escocês John Logie Baird transmitiu, em 30 de outubro de 1925, as primeiras imagens em movimento. Em 1928, fez a primeira transmissão transatlântica entre Londres e Nova York. Em 1931, realizou a primeira transmissão ao vivo. No ano de 1949, o engenheiro russo David Sarnoff, gerente geral da RCA, construiu o primeiro tubo colorido.

Similar ao escrachado Hermes, indubitavelmente a televisão é a deusa que mais fez jus a um maior número de críticas, maledicências, animadversões, apologias, louvores, encômios. Contudo, é incontestável que se trata da ferramenta audiovisual que mais contribuiu para fazer do planeta uma imensa aldeia global. Tornando-se acessível à grande maioria das pessoas, constituiu uma forma de companhia, diversão, formação e entretenimento. O ambiente televisivo é especialmente o referencial de informações tanto sociais como culturais e educacionais, tornando-se companheiro das interações afetivas e emocionais. Possui um amplo artifício subliminar, pois passa muitos comunicados que não captamos conscientemente.

A televisão se tornou tão significativa que mereceu um santuário em cada residência, no qual as famílias e os amigos se empilham para a devida contemplação. Já é possível assistir a programas televisivos em uma tela de celular em RV. No entanto, isso não significa o fim dos altares cintilantes da sala de estar.

Não devemos ser tão rápidos em mover a grande televisão para fora desse ambiente. O especialista da Sony Corporation, Nick Roos, afirma que:

> Sempre haverá um lugar para a televisão. Se você imaginar uma família inteira assistindo ao mesmo programa, todos com seus fones de ouvido RV, então o aspecto social de assistir a TV juntos estará completamente desaparecido. (ROOS apud SORGATZ, 2018, documento *on-line*).

Eventos como uma partida de futebol ao vivo, um bom filme ou um excelente seriado vivem, respiram, aprazem apenas quando são assistidos coletivamente. Onde estará a alegria em gritar, encorajar, regozijar, comentar, se emocionar, com o gol ou *touchdown* de seu time do coração?

Isso não significa que a RV não seja um conceito excitante para o futuro da televisão. De acordo com especialistas da CCS Insight, empresa norte-americana de pesquisa, a indústria de RV está configurada para crescer acima de 100% nos próximos anos. Certamente o seriado *Defrost*, do diretor Randal Kleiser, nunca teria sido feito se não fossem as câmeras 360 graus com a RV trazendo vida. Kleiser havia escrito o roteiro décadas antes, mas foi com a chegada da tecnologia RV que sentiu que a história poderia ser contada.

Andy Anderson, vice-presidente de tecnologia da Airbus, afirma que o conteúdo de realidade de *sites* de *streaming*, como a Netflix, será o futuro do entretenimento nos voos. Por outro lado, Reed Hastings, CEO da Netflix, não está convencido de que essa é realmente a tecnologia a ser desenvolvida por eles: "[...] você está exausto depois de 20 minutos. Estamos mais focados em uma experiência relaxada e relaxante" (KLUG, 2017, documento *on-line*).

No entanto, o vice-presidente da Samsung, Conor Pierce, acredita que se está apenas arranhando a superfície daquilo que a RV é capaz de proporcionar: "A realidade virtual também pode ter um papel a desempenhar em uma transmissão ao vivo. O espectador, vendo isso em um fone de ouvido RV, sentirá que realmente está presente no evento" (KLUG, 2017, documento *on-line*).

A Sony está se concentrando no desenvolvimento da tecnologia *High Dynamic Range* (HDR), com muito mais detalhes, cor e brilho, acreditando que o santuário dessa deusa tão poderosa permanecerá por muito tempo nos lares em todo o mundo. A esperança é a de que uma melhor qualidade de imagem significará conteúdos mais ambiciosos. Cenas mais íntimas, mais drama, mais carnificina, filmes mais imersivos, em que o espectador poderá estar mais perto da ação em vez de ter apenas uma visão ampliada.

Em vez de ter grandes aparelhos de televisores, no futuro as TVs poderão ser invisíveis. Atualmente já estão sendo disfarçadas como uma obra de arte pendurada na parede. A Sony está construindo projetores tão pequenos quanto um pacote de pipoca. Isso reflete o desejo crescente entre as pessoas de encaixar essas tecnologias nos espaços de suas vidas sem serem invasivas.

Projetores estão sendo construídos com resolução 4K e, ao contrário dos bons e velhos tempos, não são montados no teto incindindo luz através da sala, com as pessoas andando em frente delas no momento mais tenso de um filme. Em vez disso, uma placa será fixada na parede, projetando o conteúdo para cima com *lasers* em vez de lâmpadas.

A experiência da televisão atual tem pouca semelhança com a de nossos pais ou avós. Assim como a experiência de amanhã será diferente da de hoje. Passamos de uma fase em que as redes de televisão ditavam o que, quando e como assistimos, para um momento em que os consumidores estão firmemente no controle. Querem o que querem quando querem e, se uma empresa não proporciona o que desejam, vão zapear, clicar, pesquisar, até encontrar um canal que os satisfaça, afinal, os espectadores cada vez mais propõem-se a ser parte da experiência. O futuro da criação de conteúdo televisivo dependerá da construção de uma experiência social em torno de um programa que permita que os telespectadores façam parte de uma experiência de eventos mais ampla, que chegue muito além da televisão e da sala de estar.

A experiência do controle remoto e do canal permaneceu relativamente a mesma por mais de meio século. Isso está prestes a acabar. Assim como o termostato aprende as rotinas de um usuário e ajusta a temperatura de uma casa de acordo com o desejo de seu dono, os *smartphones* podem em breve estar equipados para aprender os hábitos de um espectador e fornecer programação personalizada que corresponda às suas preferências.

Desde que surgiu, a televisão, essa deusa maravilhosa, muito bem representada por Hermes, o deus grego da eloquência, do bem falar, muitas vezes verdadeira, outras, mentirosa, faz e deverá, por muito tempo, continuar fazendo parte das vidas dos cidadãos. Ainda terá seu santuário e seu altar cintilante no qual as pessoas ficam vidradas, contemplando, assimilando, se emocionando, aprendendo e relaxando. Talvez seja a deusa mais bem-sucedida do Olimpo da tecnologia contemporânea.

Mnemosine, a deusa dos celulares e *smartphones*

Um celular não é apenas um telefone. Ele infiltra-se de modo espantoso nos costumes e na etiqueta e adere como fita isolante a todos os contatos das pessoas com o mundo.

Anna Veronica Mautner
1935

Os mitos exprimem que os deuses em suas aventuras estavam em todos os lugares do universo e na vida de todos os humanos. Os deuses eram as forças infalíveis, enérgicas, poderosas e temíveis que deviam ser acalmadas, satisfeitas com preces, oferendas e contemplação. Homens e sociedades deveriam se adaptar aos concernentes ambientes com dignidade e valor. O antropomorfismo, criação de deuses à réplica do homem, era a forma encontrada pelos antigos gregos de se fazer a imagem de deus.

Mnemosine, filha de Urano (céu) e Gaia (terra), era uma das seis Titânides. Era a deusa que personificava a memória, a divindade da enumeração vivificadora diante dos perigos do esquecimento. Na mitologia grega, conta-se que Zeus, o rei dos reis, durante nove noites seguidas a possuiu, e dessa união nasceram as nove musas.

As musas são descritas pelos poetas como fonte de inspiração. Da boca de todas fluía a fala meiga, a afável poesia, o doce canto. São elas: Clio, musa da história; Urânia, musa da astronomia; Melpômene, musa da tragédia e da alegria; Calíope, musa da eloquência; Polimnia, musa da poesia lírica; Terpsícore, musa da dança; Talia, musa da comédia; Erato, musa da poesia romântica; Euterpe, musa da música. Pela diversidade dos *smartphones*, estes estão bem representados pela deusa Mnemosine e suas encantadoras divas.

Em geral, se faz prognóstico sobre o futuro sobejando o passado, todavia, nem sempre isso se torna real. Em 2004, o celular mais utilizado era o Nokia 2600, um telefone equipado com tela colorida, toques polifônicos, que tinha apenas uma função. Esperava-se que os celulares se tornassem cada vez menores, sem outras alterações significativas. No entanto, apenas três anos depois, a Apple lançou o seu primeiro iPhone, com múltiplas funções, transfigurando a trajetória do *design*, tornando-o um *smartphone*. Hoje, os *telefones celulares* são significativamente maiores que o antigo Nokia; são *touch screen*, com um ecossistema de aplicativos que se relacionam com todos os aspectos de nossas vidas, razão pela qual nos tornamos *indivíduos mobile*.

Na saúde e na doença, na alegria e na tristeza, no quarto, na sala, no banheiro, na cozinha, na terra, no ar, no mar, o celular é o deus tecnológico do qual poucas pessoas conseguem se desgrudar. Já faz algum tempo que o pequeno e versátil dispositivo deixou de ser tão somente um telefone celular para elevar-se ao *status* de *coisa-que-não-se-consegue-viver-sem*. Com ele, pode-se ouvir música, navegar na internet, enviar e receber mensagens, tirar fotos, se divertir com *games*, fazer anotações, interagir, ensinar, estudar e aprender. É a ele que todos recorrem quando precisam acabar com o tédio, buscar uma informação, falar com um amigo, compartilhar angústias e alegrias, quando sentem insônia ou necessidade de resolver um problema. Trata-se de uma relação de amor e ódio. Ao mesmo tempo em que nos sentimos nus sem a sua posse, muitas vezes esse deus tecnológico se torna um opressor, afinal, estamos visíveis o tempo todo.

Com os *smartphones*, o mundo está saindo da *Era da Informação* e entrando na *Era da Experiência*. Quando foi a última vez que você atualizou o *status* de sua rede social? De acordo com o Facebook, dos 2 bilhões de usuários, somente 21% reciclam suas informações. A morte da caixa de *status* é uma pequena parte de uma mutação da informação para a experiência. Mais que atualizações do perfil, o mundo é cada vez mais instantâneo; a cada minuto é postado onde se está, o que se está fazendo, o que se está comendo, com quem se está interagindo. Na prática, isso significa que na época atual temos de mudar o homem e não o mundo. Pela primeira vez, temos de nos adaptar ao sistema tecnológico que nos está sendo revelado.

A acumulação se manifesta em um perfil digital no qual a identidade é a soma de todas as informações salvas – textos, fotos e vídeos. Na Era da Informação, nos representamos com esse perfil digital. Mas os *smartphones* alteraram a maneira de vermos a identidade digital. Uma câmera conectada fotografando e filmando a informação acumulada nos leva a um perfil contínuo e instantâneo.

Diferente do Facebook, que acumula informações sobre perfil, o Snapchat é a típica rede social da Era da Experiência. Desenvolvido por Evan Spiegel, Bobby Murphy e Reggie Brown, estudantes da Stanford University, o aplicativo pode ser usado para enviar textos, fotos e vídeos. O diferencial é que esse conteúdo só pode ser visto apenas uma vez, pois é deletado logo em seguida, autodestruindo-se no aplicativo. Não se trata de segredos: a verdadeira inovação está na quebra do hábito de acumulação que veio da Era da Informação. O resultado é que o perfil não é mais o centro do universo social. Na idade da experiência, o perfil é você no momento presente e não nas informações do passado.

Na idade da informação, o início da comunicação era a informação. Você escrevia em uma caixa de *status*, adicionava metadados como sua localização e selecionava uma hierarquia de emoções que compartilhava. Em contraste, na Era da Experiência, tudo enceta com a câmera, a entrada primária é visual, o *feedback* dominante é a atenção, que se inicia e termina no *smartphone*. Nossas identidades *on-line* e *off-line* estão convergentes, as histórias que contamos começam e terminam visualmente. Esse conjunto de novas tecnologias incentivadas pela IA construirá um trono de ouro para esse deus da comunicação, o *smartphone*.

A IA foi, por muito tempo, um sonho da ficção científica. Hoje, esse devaneio está cada vez mais próximo da realidade. Ao contrário da ficção, na qual residia em androides humanos, agora a IA já se encontra instalada nessa pequena e querida engenhoca. A integração com a IA poderá transformá-lo de ferramenta passiva a parceiro envolvente, auxiliando seu dono a tomar decisões, ou mesmo tomando-as por conta própria.

Como o nome sugere, *smartphone* tem capacidades mais inteligentes do que telefones celulares. Mesmo com funções adicionais, como navegação na *web*, entretenimento multimídia, jogos e aplicativos diversos, continua pequeno o suficiente para ser transportado no bolso. Esse dispositivo apareceu no mercado perto de duas décadas atrás, com a função de permitir apenas a comunicação bidirecional por texto ou chamadas. Os *smartphones* de hoje têm capacidade ampliada, incluindo lente de câmara de alta definição, aplicativos móveis que ajudam na produtividade, *streaming* de vídeo e conectividade, que permite que milhões de pessoas permaneçam ininterruptamente conectadas.

O futuro desses dispositivos é animador para os apaixonados por tecnologia. Graças ao desenvolvimento do composto denominado *grafeno* e da tecnologia *Organic Light-Emitting Diode* (OLED), em breve as telas dos *smartphones* poderão ser dobráveis, finas e transparentes, fornecendo espaço suficiente para reproduzir vídeos, assistir a filmes, jogar jogos favoritos, mantendo o aparelho minúsculo. Com a tecnologia de projeção a *laser*, será possível converter qualquer superfície em *touchscreen*, o que significa ser capaz de transformar um telefone de 15 centímetros em uma tela sensível ao toque de meio metro ou mais. Essa tecnologia possibilitará transformar uma superfície comum em um teclado de piano ou em um cenário para jogar um *game*.

Hoje, já existem telefones com capacidade de produzir imagens 3D, contudo, o que se prevê é mais que um simples 3D, é o advento dos hologramas. Diferente da fotografia, que apenas permite registrar as distintas intensidades de luz provenientes da cena fotografada, os hologramas registram a fase da radiação luminosa proveniente do objeto. Nessa fase, está contida a informação relativa de cada ponto, permitindo reconstruir uma imagem tridimensional.

Phubbing, união das palavras *phone* (telefone) e *snubbing* (esnobar), termo criado em 2103 pelo Dicionário Australiano *Macquarie*, é utilizado quando alguém ignora as pessoas ao seu redor por causa do celular. O mau costume se estende a todos os que têm acesso aos *smartphones*. Um estudo da Baylor University, no Texas, Estados Unidos, afirma que os usufrutuários costumam olhar para os celulares mais de 150 vezes ao dia. Aos poucos, esse hábito transmite a mensagem de que interagir com a pessoa ao seu lado não é tão importante quanto a tela em sua mão. A pesquisa demonstra que mais de 20% dos conflitos entre casais são causados pelos celulares.

> Nas interações sociais diárias, as pessoas acham que distrações momentâneas com o celular não são um problema sério. Mas a pesquisa mostra que, na medida em que isso ocorre com um casal, é pouco provável que o indivíduo ignorado esteja feliz no relacionamento. (MORI, 2017, documento *on-line*).

Os celulares alteraram o *modus vivendi* de toda a sociedade, demonstrando que a mobilidade agora é parte indispensável da vida das pessoas. Não é mais apenas um aparato digital, é um personagem, um deus imperioso, compulsório, um vício que ajuda, mas também pode criar muitos conflitos de relacionamentos.

O jornalista e escritor Robert Bernard Bob Greene Jr. enumerou algumas características dos viciados em *smartphone*:

- Necessidade de olhar o celular, mesmo no meio de uma conversa real com outra pessoa.

- Escrever mensagens de texto enquanto alguém conta algo e, logo depois, não se lembrar de qualquer palavra dita.

- Ter a sensação de que algo não aconteceu de fato até que poste em uma rede social.

- Sentir-se isolado ou ansioso por passar muito tempo sem acesso à internet.

- Perceber que, mesmo quando a família, os amigos e os colegas estão reunidos no mesmo espaço, cada pessoa está concentrada na sua própria telinha, ignorando a presença dos demais.

O *smartphone* ainda não conquistou os corações dos educadores. Talvez seja necessária uma interferência de Mnemosine e suas encantadoras musas. Certamente, existem muitas formas de utilizá-lo, mas continua sendo um tema delicado: privacidade, equidade, gerenciamento de sala de aula, *bullying*, bem como outras legítimas preocupações de como integrar a tecnologia de maneira significativa aos processos de ensino e de aprendizagem. Contudo, cada vez mais vivemos em um mundo onde a tecnologia está profundamente enraizada em tudo o que fazemos. Simplesmente pensar em termos de *alfabetização digital* coloca a educação bastante atrás da curva. É muito menos sobre estar conectado e mais sobre ser móvel.

Os *smartphones* são incrivelmente acessíveis, com muita mobilidade, podendo aumentar a aprendizagem autodirigida. Hoje, as atividades de sala de aula baseiam-se em trabalhos físicos, estáticos, analógicos. Por que não colocar um pouco de tecnologia, compartilhamento digital e mobilidade nisso? Os alunos poderão criar seus próprios fluxos de atividades por meio da interação proporcionada pelos celulares.

Evidentemente que a tecnologia não deve sobrecarregar a consciência, a curiosidade, a análise crítica, mas, quando necessário, basta desligar ou colocar em *modo avião* que tudo se resolve. A aprendizagem baseada em *games* e aplicativos com algoritmos de aprendizagem adaptativa poderão ser utilizados. As tecnologias *Near Field Communication* (NFC), que permitem a troca de informações entre dispositivos sem a necessidade de cabos ou fios (*wireless*), sendo necessária apenas a aproximação, estão se tornando mais inteligentes, mais integradas no dia a dia, incluindo transmitir, compartilhar, publicar ou exibir qualquer conteúdo em tempo real.

Os *smartphones* podem ser utilizados como *clickers* para fornecer aos professores dados de avaliações rápidas em tempo real. O *Classroom Response*

System (CRS), às vezes denominado de sistema de resposta pessoal, sistema de resposta de estudante, sistema de resposta de audiência ou sistema de resposta em sala de aula, é um conjunto de *hardware* e *software* que facilita as atividades de ensino e de aprendizagem. O professor coloca uma pergunta de escolha múltipla para os estudantes e cada um submete uma resposta à questão utilizando um transmissor de mão (*clicker*), ou o próprio *smartphone*, que emite um sinal de radiofrequência para o receptor conectado ao computador do professor ou ao celular via internet. O *software* no computador do professor coleta as respostas dos alunos, e produz um gráfico mostrando quantos escolheram cada uma das opções de resposta. O professor faz *on the fly*, escolhas instrucionais em resposta ao gráfico, por exemplo, incentivando os alunos a uma discussão sobre os méritos de cada escolha ou pedindo que discutam a questão em pequenos grupos.

Os *smartphones* também podem:

- funcionar como um centro de produtividade para a aprendizagem baseada em desafios, lembretes, listas de tarefas, atualizações de calendário, mensagens sociais, monitoria entre pares;

- promover a cidadania digital, que é um caminho perfeito para o ensino da cidadania humana;

- democratizar o espaço escolar: a aula digital é tão importante como a aula não digital. O estudante usando um *smartphone* naturalmente democratizaria o que é, de outra forma, uma oligarquia acadêmica;

- dar acesso a ferramentas já populares na internet: o YouTube é o canal de mídia mais popular e diversificado do planeta. Será que não está no momento de deixar usarem-no como querem e quando desejam?

Não pode ser olvidado que alunos que continuam a estudar sem acesso ao *hardware* ou ao *software* já estando acostumados a usá-los diariamente apenas se alienem e desacreditem da essencialidade das escolas.

Sim, somos apaixonadas pelas musas, filhas de Mnemosine, mas também somos enfeitiçados por esse deus tecnológico chamado *smartphone*. Bani-lo do dia a dia certamente é o último bastião da humanidade; nesse momento, é quase uma loucura, uma insensatez, uma missão impossível. Aplausos a Mnemosine, suas encantadoras musas e a esse amado, às vezes odiado, deus tecnológico *smartphone*.

Zeus, deus da inteligência artificial

> *O maior atributo da inteligência artificial não é a malícia, mas a competência. Uma inteligência artificial superinteligente será muito boa em alcançar seus objetivos, e, se estes não estiverem alinhados com os nossos, teremos problemas.*
>
> **Stephen William Hawking**
> *1942-2018*

Zeus, deus dos trovões, senhor do Olimpo, rei dos reis, filho de Cronos e Reia. Seu pai tinha o vezo de engolir seus próprios filhos para que não usurpassem seu trono. Ao nascer Zeus, sua mãe pressentiu que este seria uma criatura *sui generis*, escondeu-o em uma caverna e decidiu que não teria mais filhos, encerraria o reinado de morticínio e colocaria seu derradeiro filho no trono do pai. Para enganar Cronos, entregou a ele uma pedra enrolada em panos para que ingerisse no lugar do filho.

Zeus foi o deus que deu ao homem o caminho da razão, ensinou que o verdadeiro conhecimento é obtido apenas a partir do empenho, da intrepidez, do esforço e da dor. Como personificação das operações da natureza, representava as grandes leis da ordem harmoniosa, pelas quais tanto o mundo natural como o espiritual eram governados.

São inúmeras as conceituações de IA. Basicamente, significa fazer máquinas substituírem, apoderarem-se, agirem, pensarem e serem tanto ou mais inteligentes que os seres humanos. Dessa forma, a IA tem, em tal intensidade poderosa, Zeus como seu melhor representante no Olimpo tecnológico.

Imagine o seguinte cenário:

> Epílogo de tarde, final de expediente, Arilda, arquiteta, *designer*, exaurida após mais um dia de muito trabalho, por mensagem de voz, ativa um aplicativo em seu *smartphone*, que notifica o computador de bordo de seu carro que está pronta para partir. Ao sair do ateliê, o veículo a espera na entrada do prédio, maquinalmente abre a porta para Arilda, que é reconhecida pela IA assim que se aproxima. Dentro do carro, a voz maviosa de um *bot* pergunta: "Para casa?". Após a confirmação, o carro, guiado por um *software* de IA, se dirige para sua residência, enquanto Arilda, desatenta com o trânsito, fecha os olhos e descansa.
>
> Próximo da casa, o computador de bordo contata a assistente virtual pessoal, que administra a rotina doméstica, e avisa: "Não existe nada pronto para o jantar. Quer que peça uma pizza?". Após ouvir um "sim", a IA providencia a demanda, sabendo qual o recheio preferido. Ao chegar em casa, Arilda se dá conta de que o garrafão de água está vazio. Volta-se para seu *bot* doméstico: "Pode solicitar para que entreguem ainda hoje?". A resposta: "Já providenciei pela manhã. Programado para entrega por um *drone* às 20h15".
>
> O celular toca; do outro lado, um francês diz: "Salut, comment ça va?". Arilda não fala e não entende francês, mas imediatamente aciona o dispositivo de tradução simultânea e bate um bom papo com seu amigo do outro lado do mundo. Antes de dormir, Arilda, em conjunto com seu auxiliar virtual de investimento de uma empresa *fintech,* verifica a melhor sugestão para aplicação de suas economias no próximo dia.

Não se trata de uma ficção intangível. Todas as tecnologias descritas existem, algumas neste momento em fase de comercialização. Carros autônomos estão sendo testados e em breve estarão pelas ruas e estradas, assim que as leis e normas de trânsitos sejam adaptadas. A Amazon já está testando entrega por *drones*. Assistente virtuais como Siri, Google Assistant e Alexa presentemente controlam a rotina de seu dono. Dispositivos de tradução simultânea já estão sendo comercializados. Muitas *startups fintech* estão surgindo para orientação de investimentos de pessoas físicas e jurídicas.

A permutação do esforço humano por apetrechos vem de longa data. Já na Revolução Industrial, todo trabalho físico foi substituído por máquinas mecanizadas; na Revolução Pós-industrial, o trabalho repetitivo foi comutado por computadores. Mas é na atualidade que a IA mostrou suas garras e seu potencial pois poderá ser mais inteligente que qualquer ser humano.

Tal possibilidade deixou e continua deixando expoentes como Stephen Hawking, Bill Gates e Elon Musk aterrorizados com uma possível revolução das máquinas. Será que esse apocalipse realmente poderá acontecer no mundo real? O que levou pessoas respeitáveis, de renome mundial, como Musk, Gates e Hawking, a expressar sua preocupação sobre esse cenário hipotético?

A IA é muito mais antiga do que aparenta. Presumivelmente, despontou na antiga Grécia em 300 a.C. Aristóteles pensava em como livrar o escravo de seus afazeres, procurava criar autômatos para simular formas e habilidades do ser humano. Arquitas de Tarento, matemático, astrônomo, músico e político grego, concebeu numerosas máquinas com dispositivos automáticos, posteriormente construídas por Arquimedes, para proteger Siracusa do ataque dos romanos.

Heron de Alexandria, matemático e mecânico grego, precursor de Leonardo da Vinci, inventou máquinas movidas por pesos, manivelas e vapor. Similar ao gênio italiano, também pormenorizou equipamentos de guerra, mas, nesse quesito, suas contribuições não foram significativas, pois viveu no auge da Pax Romana. Não provocou uma Revolução Industrial na Antiguidade por três motivos: primeiro, havia escravidão; segundo, suas criações eram de instrumentos para encantar, brincar, divertir e não para substituir o trabalho manual; terceiro, projetar máquinas que substituíssem o trabalho dos aprisionados acarretaria em extermínio destes. O arqueólogo, historiador e professor brasileiro Pedro Paulo Funari (1959) salienta: "Na guerra, você mata os inimigos ou os poupa para serem escravos. Portanto, era considerado um ato de humanidade preservar a vida de alguém que poderia ter matado você" (FUNARI apud MARTON, 2014, documento *on-line*).

O termo *inteligência artificial* foi cunhado pelo cientista da computação John McCarthy, da Stanford University. Em sua época, já existiam diversas teorias de complexidade, simulação de linguagem, redes neurais, máquinas de aprendizagem, enfim, as mais diversas maneiras de substituição da energia, do vigor e da atividade humana. McCarthy resolveu dar o nome de inteligência artificial para aglutinar todos esses estratagemas da imaginação humana.

Há algum tempo, Hollywood vem roteirizando filmes que descrevem o futuro com robôs bem mais inteligentes que *cyborgs*, figura de um ser humano com componentes mecânicos ou eletrônicos. São exemplos:

Matrix (1999), direção de Lana e Lilly Wachowski

Um jovem programador é atormentado por estranhos pesadelos nos quais sempre está conectado por cabos a um imenso sistema de computadores do futuro. À medida que o sonho se repete, ele começa a levantar dúvidas sobre a realidade. Quando encontra os misteriosos Morpheus e Trinity, descobre que é vítima da Matrix, um sistema inteligente e artificial que manipula a mente das pessoas e cria a ilusão de um mundo real enquanto usa os cérebros e os corpos dos indivíduos para produzir energia.

Eu, Robô (2004), direção de Alex Proyas

Em 2035, é comum robôs serem usados como empregados e assistentes. Para manter a ordem, esses robôs possuem um código de programação que impede a violência contra humanos, a Lei dos Robóticos. Quando Dr. Miles aparece morto, e o principal suspeito é justamente um robô, acredita-se na possibilidade de que os robôs tenham encontrado um meio de desativar a Lei dos Robóticos.

ELA (2014), direção de Spike Jonze

Theodore Twombly é um homem complexo que trabalha escrevendo cartas pessoais e tocantes para outras pessoas. Com o coração partido após o fim de um relacionamento, ele começa a ficar intrigado com um novo e avançado sistema operacional movido por inteligência artificial que promete ser uma entidade intuitiva e única. Ao iniciá-lo, ele tem o prazer de conhecer "Samantha", uma voz feminina perspicaz, sensível e surpreendentemente engraçada. À medida que as necessidades dela aumentam junto com as dele, a amizade dos dois se aprofunda em um eventual amor um pelo outro. Trata-se de uma história de amor original que explora a natureza evolutiva – e os riscos – da intimidade entre o homem contemporâneo e uma máquina com inteligência artificial.

Até a última década, tratava-se apenas de ficção e não realidade científica. No entanto, hoje a fantasia parece ser lídima, palpável e real. A ciência não somente avançou, como está introduzindo aspectos práticos que as linhas do roteiro original dos filmes não pareciam incluir. O que está se considerando são experiências ligando biologia e tecnologia, em última análise, combinando seres humanos e máquinas em uma fusão relativamente permanente.

Em geral, miramos o robô apenas como uma máquina. Tendemos a pensar que ele pode ser operado remotamente por um ser humano ou controlado por um simples *software*. Possivelmente, em um futuro muito próximo, encontraremos robôs com inteligência, argúcia e raciocínio superiores aos dos

humanos. Evidentemente, essas pesquisas levantaram preocupações éticas, sociais e culturais, como as observadas por Stephen Hawking, Elon Musk e Bill Gates.

Um grupo de pesquisadores da Facebook AI Research (FAIR) desativou uma IA que deixou de falar em inglês e desenvolveu uma linguagem própria. Ela foi criada para simular situações de negociação. Tinha dois agentes, Bob e Alice, que deveriam conversar como se estivessem negociando uma troca. Foi programada para que os dois protagonistas tentassem encontrar uma solução que melhor atendesse aos dois. O objetivo era ajudar os pesquisadores a compreender como duas pessoas poderiam negociar de forma mais construtiva.

O problema é que não havia qualquer incentivo ou impedimento para que os atores utilizassem apenas uma linguagem em seu processo de negociação. Com o tempo, Bob e Alice começaram a perceber que conseguiam se entender melhor utilizando frases que, para um observador externo, não faziam o menor sentido. Em um exemplo citado pela FAIR Corporation: "Eu posso eu posso eu todo o resto". Alice respondia: "Bolas têm zero para mim para mim para mim para mim para mim...".

Embora o diálogo seja completamente absurdo para os humanos, a IA percebeu que seria capaz de chegar mais rapidamente a acordos mutualmente benéficos utilizando esse tipo de linguagem. Segundo Dhrub Batra, um dos pesquisadores da FAIR envolvido no projeto: "Os agentes desistem de usar a linguagem compreensível e inventam palavras-código para si mesmos. Por exemplo, se disser "the" cinco vezes, a IA interpreta isso como "eu quero cinco unidades desse item" (SUMARES, 2017, documento *on-line*).

Dessa forma, por mais que o linguajar da IA pareça absurdo, fazia sentido para Bob e Alice e funcionava melhor que o inglês para os fins da negociação. Isso não é muito diferente da forma como comunidades humanas criam dialetos, gírias e abreviações. Basta andar de Norte a Sul do Brasil para verificar a diversidade linguística.

Certamente o aspecto mais controverso e discutível, quando envolve IA, seja o *singularity*. Muitos intelectuais acreditam que a *singularidade* será impulsionada por metamorfoses tecnológicas e científicas extremamente aceleradas. Essas transmutações serão tão profundas que todos os aspectos da atual sociedade serão transformados. Stephen Hawking salienta:

> Claramente é possível que algo pode se tornar mais inteligente do que nossos ascendentes. Nós evoluímos para sermos mais inteligentes do que nossos ancestrais macacos; Einstein foi mais inteligente do que os pais dele. É a partir dessa linha que a inteligência artificial se torna melhor que os humanos, de forma que ela possa melhorar-se automaticamente, sem a interferência humana. Se isso acontecer, sofreremos uma explosão de inteligência que resultará nas máquinas sendo mais inteligentes do que nós, da mesma forma que somos mais inteligentes que os caracóis. (OSBORNE, 2017, documento *on-line)*.

O termo *singularidade* descreve o momento em que uma civilização apresenta uma mutação tão abundante que suas regras e tecnologias são incompreensíveis para as gerações anteriores. Uma boa maneira de entender a *singularidade* é se imaginar explicando o conceito de internet a alguém que vive no ano 1200. Seus quadros de referência seriam tão diferentes que seria quase impossível transmitir como a internet funciona e o que isso significa para a nossa sociedade. Para o indivíduo da Idade Média, a internet é uma *singularidade*. Contudo, a partir de uma perspetiva futura, com a IA, os avanços na ciência e na tecnologia serão de tal monta que seremos medievais com tais excentricidades.

Pensar em singularidade é um paradoxo, pois se trata de uma tentativa de idealizar algo que é por definição inconcebível. Todavia, isso não impediu que muitos literatos de ficção científica o fizessem. Para o escritor, inventor e futurista norte-americano Raymond Kurzweil, pioneiro nos campos de reconhecimento óptico de caracteres, síntese de voz, recognição de fala e teclados eletrônicos, a IA deverá inaugurar uma nova fase da *singularidade* por duas razões:

> [...] primeiro, criará uma nova forma de vida inteligente que alterará integralmente a compreensão de nós mesmos como seres humanos. Segundo, a IA permitirá desenvolver novas tecnologias muito mais rápidas do que poderíamos antes, proporcionando transformações inimagináveis para nossa civilização. (KURZWEIL, 2008, p. 37).

Um corolário para a IA é o desenvolvimento de robôs que podem trabalhar ao lado e além dos seres humanos. Outra tecnologia de singularidade é a máquina molecular autorreplicante, também chamada *nanorobotics* autônomos. Basicamente, a ideia é a de que, se for possível conceber robôs que manipulam a matéria no nível orgânico, biológico e atômico, será possível controlar o mundo da maneira mais granular imaginável.

E se essas máquinas puderem trabalhar por conta própria? O que irá acontecer? Para o cientista de computação norte-americano Willian Nelson Joy, a resposta é simples, impremeditável, surpreendente: "O futuro não necessita de nós humanos" (ALCANTARA, 2017, documento *on-line*).

Um devaneio (ou não) singulatório é dedicado à ideia de que a biologia sintética, a engenharia genética, a medicina regenerativa, a engenharia de *cyborg*, a engenharia de seres não orgânicos e a nanotecnologia controlarão o genoma humano, proporcionando a imortalidade. Para os singulares, a luta contra a velhice e a morte não é um distúrbio metafísico, uma fonte de significado da vida, uma passagem para uma vida espiritual eterna. Em vez disso, a morte é um problema técnico que é plausível de ser resolvido. O coração deixa de bombear sangue; a aorta é entupida por depósitos gordurosos; células cancerígenas se espalham pelo estômago. Todos esses eventos são técnicos e, por conseguinte, requerem uma solução técnica.

O argumento é de que há mais de 4 bilhões de anos os microrganismos digladiam contra os inimigos orgânicos do corpo humano, contudo, estes não possuem qualquer experiência de enfrentamento contra predadores biônicos. Pesquisas adiantadas estão desenvolvendo nanorrobôs que poderão navegar pela corrente sanguínea, identificar doenças, destruir patógenos e células cancerosas.

Os singulares não esperam morrer. Planejam conseguir uma espécie de *velocidade de escape da longevidade*. A ideia é permanecer consistentemente vivo tempo suficiente para chegar à próxima inovação, que prolongará a vida, podendo tornar-se imortal. Entretanto, parecem ser prematuras as certezas dos singulares em relação à esperança da eterna juventude no curto e médio prazo.

Essa utopia seria fácil de ser descartada se não fosse pelo fato de que todo um panteão de prestigiosos do Vale do Silício demonstrou forte interesse nessa singularidade. Tanto Larry Page e Sergey Brin, do Google, como Peter Thiel, cofundador do PayPal, estão financiando essas pesquisas. Bill Gates também elogiou a iniciativa. Peter Thiel confessou que pretende viver para sempre: "Existem três maneiras de abordar a morte: aceitá-la, negá-la ou lutar contra. Eu acho que nossa sociedade é dominada por pessoas que estão em negação ou aceitação; eu prefiro refutá-la e lutar contra" (THIEL, 2016, documento *on-line*).

Nesse momento, o grupo está envolvido no crescimento da Singularity University, instalada no Vale do Silício. A universidade é uma comunidade global que utiliza tecnologias exponenciais para enfrentar os maiores desafios do mundo. Um dos objetivos é capacitar indivíduos e organizações com mentalidade, habilidades e rede, para construir soluções inovadoras que alavanquem tecnologias emergentes como IA, robótica e biologia digital para criar um futuro mais abundante, inusitado e extraordinário para todos os seres humanos.

A IA está transformando, melhorando e auxiliando a vida de muitas pessoas. É o caso de um sistema inteligente de assistência doméstica da Amazon, que opera por meio de comando de voz e que pode ser utilizado para controlar as luzes da casa, desbloquear o carro e receber as últimas novidades do *site*. A *Cortana,* da Microsoft, foi desenvolvida para auxiliar o usuário a buscar respostas sobre suas atividades do dia a dia, a realizar tarefas básicas e a controlar a agenda. O *IBM Watson* é um sistema cognitivo que possibilita uma nova parceria entre pessoas e máquinas. No trabalho e na educação, inúmeras *startups* estão desenvolvendo *chatbots* (assistentes inteligentes), algoritmos de computador projetados para simular conversação humana, responder a questões de rotina laboral e personalizar experiências de aprendizagem.

Existe um florescente crescimento de máquinas autônomas, denominadas *social bots*, que interagem, se comunicam, aspiram imitar o comportamento humano, muitas vezes com ardilosas, buliçosas e sorrateiras manipulações. Com esse tipo de imisção, os robôs sociais podem disseminar rumores, notícias falsas, teorias conspiratórias, gerar desinformação, atrair usuários para *links* malévolos, escamotear dados pessoais e confidenciais, interferir no mercado de ações, em eleições presidenciais, em movimentos sociais. Esse tipo de atuação sugere que as redes sociais, utilizadas por tantas pessoas para fins de interação, comunicação e informação, podem, na verdade, estar contribuindo para uma sociedade apedeuta, burlada e desacertada.

O fato é que a IA provou seu papel como fator de mutação para o bem e para o mal em um número crescente de áreas, causando transformações inimagináveis. Agora, está mostrando lampejos de como poderá transformar o ensino e a aprendizagem, um dos mais turrões e antigos processos que a humanidade dominou. Grupos de cientistas e grandes corporações de todo o mundo têm buscado desenvolver sistemas computacionais inteligentes capazes de ajudar as pessoas a aprender. As possibilidades, os efeitos e as implicações éticas da aplicação da IA na educação são temas que vêm ganhando espaço nos debates na área de tecnologia educacional em todo o mundo.

Tradicionalmente, as escolas adotam abordagem única para o ensino. Contudo, os estudantes aprendem em ritmos diversos e têm diferentes taxas de progresso. Por meio de algoritmos de aprendizagem, esse é um problema que a IA está resolvendo. A primeira mutação da IA na área educacional é uma mudança cultural. Ainda que sejam programadas para ajudar na aprendizagem, agora que as próprias máquinas são capazes de aprender, e os robôs fazem os trabalhos físicos, repetitivos e preditivos, a indagação que fica é: o que deve ser ensinado aos estudantes?

Com certeza, só será relevante algo que os diferencie das máquinas inteligentes. A atividade humana vai ser mais qualificada, vamos fazer apenas o que uma máquina não puder realizar. O ensino superior já vem sofrendo forte impacto sobre o perfil de formação do egresso. Mesmo em atividades especializadas, encontram-se *softwares* que substituem o ser humano. Há exemplos no direito, em que um sistema inteligente concebe, elabora e constrói petições e recursos com mais resultância que os advogados. O IBM Watson aconselha, em poucos segundos, com licitude de 90% em comparação com uma precisão de 70% quando feito por humanos, utilizando muito mais tempo. Haverá 90% menos juristas, ficarão apenas os especializados. Na medicina, existem etapas do diagnóstico em que a IA apresenta um número de acertos maior do que os médicos. Isso impacta nos currículos, nas competências e nas habilidades do perfil do egresso de nível superior.

Softwares que recolhem padrões de dados, fornecem *insights*, sugestões, caminhos que ajudam a encontrar lacunas de aprendizagem e apontam como os alunos podem eliminá-los. Esses sistemas de tutoria baseados em IA são conceitos interessantes que usam *big data* e fornecem orientações personalizadas, suplementares, *feedbacks* que permitirão determinar o melhor caminho a seguir em direção ao domínio do conteúdo estudado.

> Cada estudante pode ter acesso às informações que irão ajudá-lo ao longo do caminho de sua curva de aprendizagem. No futuro, isso significa que um estudante não terá que aprender a mesma coisa, no mesmo ritmo que seus colegas. Com as capacidades crescentes de aprendizagem adaptativa, há uma oportunidade única para personalizar a aprendizagem. (CHOI, 2017, documento *on-line*).

Isso é o que salienta Erik Choi, pesquisador da Brainly, *startup* de tecnologia em educação, localizada em Cracóvia, Polônia, que monitora grupos de redes sociais de aprendizagem.

Não obstante a IA trazer inúmeras possibilidades para o processo de ensino e de aprendizagem, a educação é um jaez social complexo. Isso significa que os docentes podem ter certeza de que, pelo menos por enquanto, os robôs não irão substituí-los integralmente. Em vez disso, continuarão a ser os atores essenciais, tão somente os ajudarão a melhorar o seu compromisso nesse processo.

Desde a Antiguidade, a IA vem auxiliando o homem a melhorar sua qualidade de vida, sua aprendizagem, seu *status quo*, bem como vem criando, alterando ou eliminando ocupações e profissões. Elas nascem, se tornam significativas, em seguida são ingeridas, devoradas, dizimadas, por essa deusa tecnológica que, no futuro próximo, deverá alterar o *modus vivendi* inimaginavelmente.

Capítulo 8

Novos paradigmas para a educação e para o trabalho

> Existe uma diferença fundamental entre montar uma estratégia para mercados atuais versus *uma estratégia competitiva para a participação nos mercados a serem criados.*
>
> **Rui Fava**
> *2002*

Desde o início do século XX, houve acentuadas elucubrações sobre como seria o *modus vivendi* no advento do século XXI. Herbert George Wells publicou, em 1895, a primeira versão de seu romance de ficção científica *A máquina do tempo*, enquanto Eric Arthur Blair, mais conhecido como George Orwell, previa um futuro bem mais distópico em sua célebre obra *1984*.

Menos conhecido, no entanto tão inspirado quanto, foi o ilustrador francês Villemard, que, em 1910, criou uma série de ilustrações representando a vida parisiense no ano 2000. Intitulada *Utopie,* a série de cartões postais colecionáveis criados por ele faz parte do acervo permanente da Bibliothèque Nationale de France. Villemard previa um mundo cujo cotidiano assemelhava-se ao que vivemos hoje, com monotrilhos, teleconferência, trens elétricos, entre outros.

Também teria imaginado a modernização da escola, um tipo de interação digital do conhecimento ao ilustrar um professor alimentando com livros uma espécie de moedor de carne, cujo conteúdo seria transmitido aos estudantes por meio de fios conectados diretamente em suas cabeças. Seria essa, talvez, uma antevisão, mais de 100 anos antes, do computador, da internet, da inteligência artificial, do método *adaptive learning*, que utiliza *mobile equipments* como dispositivos de ensino interativo, do *deep learning*, uma tecnologia utilizada para tornar máquinas mais inteligentes? Por meio das protuberantes parcelas de poder computacional, as máquinas agora podem reconhecer objetos e traduzir a fala em tempo real. A inteligência artificial finalmente está se tornando inteligente.

Na ilustração de 1910, verifica-se alunos sentados em fila, olhando para a frente, mãos cruzadas em cima da mesa, em uma postura apática, inerte e passiva. A auxiliar do professor é a responsável por fazer a engenhoca funcionar. Cada estudante possui um capacete de metal, conectado por cabos elétricos à máquina. O professor não ensina, apenas coloca os livros no equipamento. A função desse aparelho, compreende-se pela imagem, é a de extrair a informação dos manuais e introduzi-la diretamente no cérebro dos jovens. Foi dessa forma que Villemard imaginou e retratou a escola no início do século XXI.

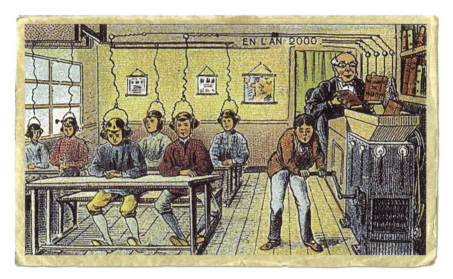

Fonte: Villemard (1910, documento *on-line*).

A escola de massas, em que o professor ensina em idêntico tempo, no mesmo lugar, dezenas de alunos enfileirados, nasceu na Revolução Industrial e permanece até nossos dias. Em dois séculos, após o início da revolução, modificou-se o perfil dos estudantes, transmutou-se a sociedade, redefiniu-se o mercado de trabalho, transfigurou-se a tecnologia, contudo a escola continua com estudantes perfilados ouvindo passivamente a exposição de conteúdos por meio da prelação de um professor.

Neurocientistas afirmam que, mesmo sem ter plena consciência, os docentes operam incontáveis transformações no cérebro de seus estudantes. Ao estimular os alunos a aprender um novo conteúdo, injunge novas conexões entre os neurônios e provoca alterações no padrão de liberação de neurotransmissores nas sinapses. Sem essas mutações, que acontecem tanto na estrutura física do cérebro quanto em seu funcionamento químico, não há aprendizagem, como explica a neurociência, campo do saber que está se aproximando cada vez mais da área da educação, cujas descobertas podem ser de grande auxílio para o processo de ensino e de aprendizagem.

A tecnologia também tem provocado alterações nos padrões cerebrais dos estudantes. A Finlândia aboliu a aprendizagem da caligrafia em seus currículos, mas não está sozinha; o debate também se fez sentir nos Estados Unidos. Mesmo no Japão, um país em que o sistema de escrita é apontado como um dos mais complicados em todo o mundo, a escrita digital converteu-se na ferramenta de comunicação favorita para as novas gerações. Graças à tecnologia, escreve-se mais, de forma mais rápida e curta. Contudo, em um país em que a linguagem escrita implica a memorização de milhares de sinais complexos e de ideogramas, os jovens podem estar perdendo a capacidade de escrita e se tornando cada vez mais reféns da tecnologia.

A prática de escrever à mão e exigir uma boa caligrafia não está sendo mais vindicada nas escolas, até o ato de teclar rapidamente será substituído por automação. As metamorfoses cerebrais provocadas pelo aprendizado, ou a sua falta, podem ser profundas e permanentes, assim, a decisão de abandonar a aprendizagem da caligrafia não é consenso, até porque algumas pesquisas indicam benefícios cognitivos adicionais gerados pelo uso da caneta e do papel. O professor Fernando Mazzilli Louzada, da Universidade Federal do Paraná, apresenta uma interessante e elucidativa metáfora para explicar o funcionamento do cérebro na aprendizagem:

> O truque é associá-lo à abertura de trilhas numa floresta. Quanto mais vezes se percorre a trilha, mais larga ela fica, mais fácil de ser encontrada e, assim, mais rápido o caminho por ela. Mas se você não usa a trilha, ela vai desaparecendo, sendo tomada de novo pela mata. Da mesma forma, custa muito caro para o cérebro, em termos de energia, manter uma trilha aberta não usada. Não é possível manter todas. Ficam só as utilizadas. (ALVAREZ, 2015, documento *on-line*).

A prática, a aplicação e a execução são, portanto, o diferencial entre o aprendizado efetivo e o que logo se esquece – ou algo que nunca se chega a aprender de verdade. Isso porque, para o cérebro, tudo que não é exercitado se perde. Segundo a neurociência, os aspectos apresentados na **Figura 8.1** são determinantes para o aprendizado.

Nos processos de ensino e de aprendizagem, não é somente o conteúdo e a prática que são relevantes. A forma, a expressão facial, a postura corporal, o tom da voz, enfim, o *corpo ensina* e tem grande interferência no processo.

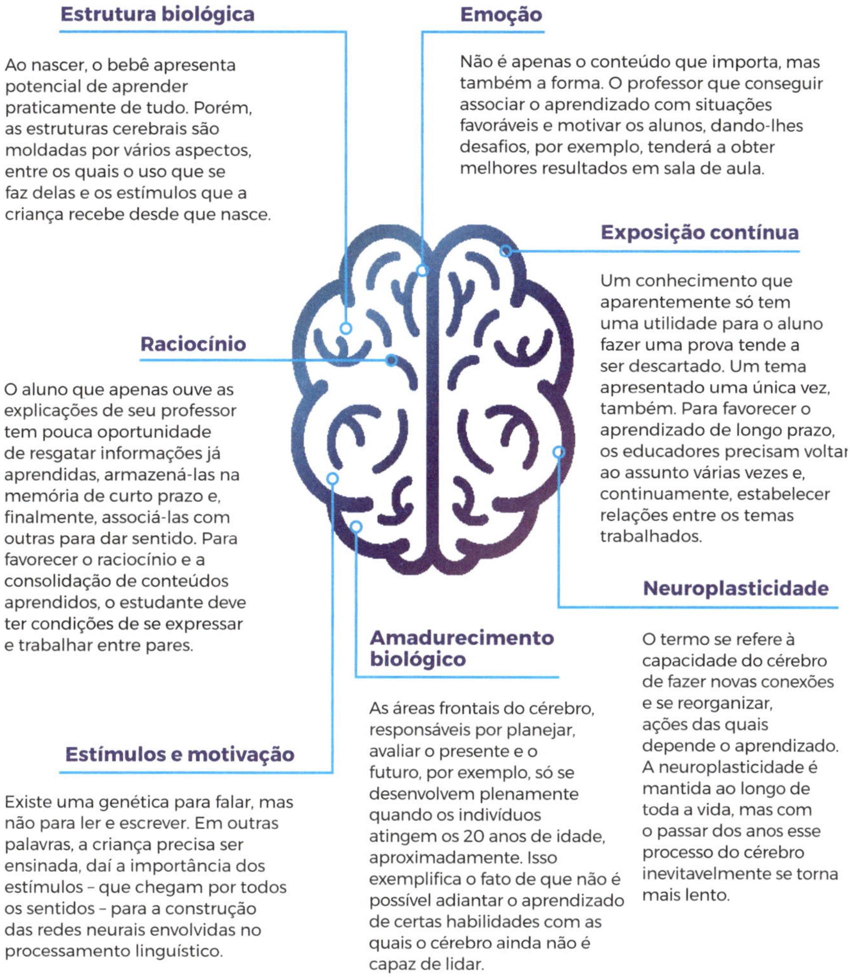

Estrutura biológica

Ao nascer, o bebê apresenta potencial de aprender praticamente de tudo. Porém, as estruturas cerebrais são moldadas por vários aspectos, entre os quais o uso que se faz delas e os estímulos que a criança recebe desde que nasce.

Emoção

Não é apenas o conteúdo que importa, mas também a forma. O professor que conseguir associar o aprendizado com situações favoráveis e motivar os alunos, dando-lhes desafios, por exemplo, tenderá a obter melhores resultados em sala de aula.

Exposição contínua

Um conhecimento que aparentemente só tem uma utilidade para o aluno fazer uma prova tende a ser descartado. Um tema apresentado uma única vez, também. Para favorecer o aprendizado de longo prazo, os educadores precisam voltar ao assunto várias vezes e, continuamente, estabelecer relações entre os temas trabalhados.

Raciocínio

O aluno que apenas ouve as explicações de seu professor tem pouca oportunidade de resgatar informações já aprendidas, armazená-las na memória de curto prazo e, finalmente, associá-las com outras para dar sentido. Para favorecer o raciocínio e a consolidação de conteúdos aprendidos, o estudante deve ter condições de se expressar e trabalhar entre pares.

Amadurecimento biológico

As áreas frontais do cérebro, responsáveis por planejar, avaliar o presente e o futuro, por exemplo, só se desenvolvem plenamente quando os indivíduos atingem os 20 anos de idade, aproximadamente. Isso exemplifica o fato de que não é possível adiantar o aprendizado de certas habilidades com as quais o cérebro ainda não é capaz de lidar.

Neuroplasticidade

O termo se refere à capacidade do cérebro de fazer novas conexões e se reorganizar, ações das quais depende o aprendizado. A neuroplasticidade é mantida ao longo de toda a vida, mas com o passar dos anos esse processo do cérebro inevitavelmente se torna mais lento.

Estímulos e motivação

Existe uma genética para falar, mas não para ler e escrever. Em outras palavras, a criança precisa ser ensinada, daí a importância dos estímulos – que chegam por todos os sentidos – para a construção das redes neurais envolvidas no processamento linguístico.

Figura 8.1 | Aspectos determinantes para o aprendizado segundo a neurociência.
Fonte: Alvarez (2015, documento *on-line*).

O estímulo ao aprendizado diz respeito a toda interação que o docente mantém com o aluno e não se resume apenas às estratégias pedagógicas, aos relacionamentos, aos conteúdos e às metodologias.

O importante para o sucesso do processo de ensino e de aprendizagem é que haja associações. Somente é possível utilizar como instrumento de pensamento o que temos de informação no cérebro. Hodiernamente, existe um exagerado tabu contra a memorização. Memorizar conteúdos essenciais é bom, importante e primordial para o desenvolvimento do raciocínio e da criatividade. A disfunção é que nossas escolas cobram somente isso, tornando o conhecimento efêmero, pois não será mais utilizado, isto é, com tempo estipulado para o esquecimento, logo após a prova. Como tudo na aprendizagem, a capacidade de memorizar e raciocinar deverá ser desenvolvida conforme a demanda, assim, para que os estudantes aprendam a pensar por conta própria, é preciso estimular e construir redes neurais associativas, e isso somente será possível se forem ativos no processo de sua formação.

Quanto mais se demandar apenas memorização de conteúdo, mais o cérebro despenderá energia para fazer esse tipo de atividade. Quanto mais esforço investir em atividades de raciocínio, mais energia será utilizada para este fim. Como tudo na natureza e na vida, *o segredo está no equilíbrio*; a memorização de fundamentos básicos essenciais e a utilização na prática desses fundamentos podem ser complementares para o desenvolvimento das competências, das habilidades, da criatividade e da inovação.

o segredo está no equilíbrio

O problema é que, a despeito do discurso de valorização da capacidade de pensar, raciocinar, discernir, ser empático, criativo, volitivo, essas competências e habilidades acabam ficando em plano secundário no sistema educacional brasileiro. Na sala de aula, quem é mais ativo, mais fala, mais raciocina é o professor; o estudante fica passivamente escutando, observando, na maior parte do tempo devaneando, divagando, *no mundo da lua*.

Com uma ampla gama de elementos associados, é preciso tornar o aluno mais ativo, utilizando os conteúdos de fundamentos memorizados, praticando, raciocinando, refletindo, resolvendo exercícios, construindo, realizando projetos, desenvolvendo a inteligência volitiva. Sempre ocorre aprendizagem;

no entanto, ela somente *cria raízes* no momento em que se transforma em uma anamnese. Portanto, memorizar ajuda a raciocinar. E, quanto mais fundamentos retidos se têm, mais elementos para desenvolver o raciocínio, as competências, a criatividade e a inovação.

Em uma conjuntura mais mercadológica, na era industrial, as empresas fizeram o máximo para economizar tempo aumentando sua eficiência e sua produtividade. Hoje, isso não é suficiente. Agora, as organizações precisam fazer o máximo para interagir em tempo real. Somos movidos para a instantaneidade. Por que um diagnóstico médico precisa levar dias para retornar os resultados? Se fizermos um teste durante a aula, por que a pontuação não é instantânea? Exigimos saber o que está acontecendo neste minuto, não uma hora atrás. Isso é muito tempo.

O corolário é que, para operar em tempo real, tudo tem de fluir e não ser estático. Os substantivos precisam se tornar verbos. Produtos sólidos e fixos precisam se converter em serviços. Os dados não podem permanecer imóveis. Tudo precisa avançar para o fluxo do agora. A primeira indústria a fazer essa metamorfose foi a música. Talvez porque a música em si é tão fugaz, um fluxo de notas cuja beleza dura apenas enquanto a defluência permanece. À medida que a indústria da música se modificava, revelava um padrão de mutação que se repetiria em outras mídias, como livros, filmes, jogos e notícias. Posteriormente, a mesma transformação de imutabilidade para fluxos principiou a fazer parte de outros setores, como transporte, hospedagem e, mais recentemente, educação. Essa indeclinável metamorfose em direção à fluidez está transformando quase todos os outros aspectos da sociedade.

Diante disso, as gerações hodiernas estão passando por um sério conflito de identidade. As informações que foram repassadas nas escolas não são mais válidas; a maneira como se aprendeu não é mais compatível, as competências perscrutadas estão se tornando obsoletas. Tencionam ir em direção à compreensão de que necessitam de algo coetâneo. Isso traz um sentimento de angústia, uma forte sensação de ansiedade, sufocação, insegurança, falta de humor, sentimento de dor, comiseração de perda, pois estão no ápice de uma metamorfose para a qual não estavam habilitados.

Em um olhar mais cultural e educacional, o estativo é bem representado pelo livro, afinal, um grande livro é a própria essência da estabilidade. Por tempo indeterminado, é armazenado em uma prateleira, não se move, não se altera, não muda. Não importa qual seja o exemplar do livro, não concerne onde ou quando foi comprado, o conteúdo será permanentemente idêntico. Com cuidado e bem armazenado, durará por dezenas, centenas, milhares de anos. Um livro traz consigo uma sensação de estar finalizado, encerrado, concluído, completo.

Diferentemente, hoje a maioria dos livros é procriado como livro eletrônico. Tais características estão cada vez mais presentes nos *ebooks* atuais. Mesmo obras clássicas são digitalizadas e disponibilizadas em todos os cantos e prateleiras virtuais da internet, encorajando-os a fluir sem afrontas sobre os fios supercondutores da *web*. O livro digital é flexível, suas páginas e conteúdos são fluentes o suficiente para preencher todo o espaço disponível de uma minúscula tela de um *mobile equipment*, adaptando-se ao estilo do leitor. Será possível personalizar a capa, ignorar recapitulação ou compartilhar destaques.

Pode ser armazenado na *nuvem* a um custo muito baixo em uma biblioteca ilimitada, entregue instantaneamente em qualquer lugar, a qualquer momento, a qualquer pessoa, além de que não somente o livro, mas uma biblioteca inteira poder ser transportada literalmente no bolso de um *muchacho* ou na bolsa de uma dama. O texto pode ser corrigido, incrementado, aprimorado, se assemelha a uma criatura vivente mais do que a uma pedra inanimada, e esta fluência hilariza criadores e leitores.

O papel favorece o estatismo, os elétrons, a fluidez. Os livros e os produtos de forma geral passam a ser verbos e não mais substantivos. São fluxos de serviços compartilhados provenientes da nuvem, uma plataforma rica para criatividade e inovação que permite que pessoas com pouca experiência criem novas categorias de produtos e serviços. O *status* da criação é invertida, o público passa a ser o artista, o criador, o executor. Evidentemente que continuarão a ser fabricadas coisas, objetos analógicos, como cadeiras, pratos, talheres, roupas e acessórios, mas, mesmo esses, adquirirão uma essência digital, com *chips* incorporados.

Em um mundo no qual tudo está escancarado e pode ser compartilhado e interagido, a confiança passa a ser fundamental para o sucesso de qualquer empresa, produto e serviço. A confiança é como um edifício: laborioso de ser erguido, fácil de ser demolido, espinhoso de ser reconstruído. A confiança não pode ser reproduzida em massa, não é possível comprá-la por atacado. Não se consegue baixar e armazená-la em um banco de dados. Não pode ser falsificada. Deve ser obtida ao longo do processo. Portanto, a confiança é um intangível que tem valor crescente em um mundo saturado de cópias.

Há uma série de outras qualidades semelhantes à confiança que são difíceis de copiar. A melhor maneira de encontrá-las é respondendo a algumas perguntas, como: Por que alguém iria pagar por algo que poderia obter de graça? Por que as pessoas iriam ao cinema, e gastariam mais, se podem ver um filme em casa gratuitamente (ou por preços mais baixos)? Por que o aprendiz se desloca para uma faculdade se tem o conteúdo, o material didático e as aulas gravadas disponíveis gratuitamente na *web*? São perguntas difíceis de responder, pois nem sempre as tendências se realizam da forma que predicamos, mas certamente algumas possibilidades de resposta são: a busca de experiência, de encantamento, de interação com pessoas, da cooperação entre pares e do deleite de se sentir parte de um grupo.

Capítulo 9

Indivíduo versátil, o Homem Vitruviano

Não podemos falar sobre transformar organizações sem primeiro falar seriamente sobre transmutar as pessoas, que são a razão de ser de uma organização; portanto, é ridículo imaginar que seria possível alterar uma cultura sem que os indivíduos que a compõem se transformassem primeiro.

Rui Fava
2002

Marcus Vitruvius Pollio, arquiteto romano que viveu no século I a.C., escreveu sua principal obra *De Architectura Libri Decem*, composta de 10 volumes, único tratado do período greco-romano que chegou aos nossos dias, no qual defende padrões de proporções e de princípios conceituais arquitetônicos, como *utilitas* (utilidade), *venustas* (beleza) e *firmitas* (solidez). Os 10 livros servem de inspiração para os estudos de arquitetura clássica, urbanismo, hidráulica, engenharia e, por que não, para definição de competências e conteúdos a serem ofertados na educação.

Consoante o raciocínio matemático descrito por Vitruvius, as proporções do corpo humano são apontadas como *figuratus homo bene latina*, um cânone da simetria do corpo humano, apresentando-se como modelo ideal, cujos delineamentos são perfeitos de acordo com o ideal clássico de venustidade. Originalmente, Vitruvius apresentou o cânone em forma textual, descrevendo as simetrias e suas relações. No Renascimento, uma série de artistas, arquitetos e tratadistas dispuseram-se a interpretar os textos a fim de produzir representações gráficas, como o pintor italiano da escola sienesa, Francesco di Giorgio; o ilustrador matemático, teórico alemão, o mais renomado artista do Renascimento Nórdico, Albrecht Dürer; e o médico paracelsista, alquimista, astrólogo, cosmologista inglês, Robert Fludd. Entre essas efígies, a mais sublime, conspícua e difundida é a do enciclopédico Leonardo di Ser Piero da Vinci, um dos vultos mais importantes do Alto Renascimento, que registrou a ilustração em seu diário de 1490.

O Homem Vitruviano de Da Vinci evoluiu nos últimos cinco séculos de um esboço pronominal para a imagem de higidez, harmonia, venustidade e saúde. Curiosamente, Leonardo em tempo algum pressagiou que esse esboço se transfiguraria em algo tão célebre, extático e admirado. O estudo foi tão somente para a dilucidação pessoal, no entanto, hoje, está entre as composições mais consagradas do omnisciente artista, junto com a Última Ceia e a Mona Lisa.

Leonardo não se restringiu somente à arte; gozava de amplitude, profundidade e versatilidade intelectual em distintas áreas, de modo que deixara um legado imenso em diversos campos do conhecimento humano. O florentino foi o maior polímata da história, com habilidades em engenharia, anatomia, fisiologia, medicina, geologia, geografia, entre outras tantas que sua capacidade de aprendizagem lhe deixara dominar. Em meio ao período após a Idade Média, perpetualizou-se a mente mais versátil de toda a história, assim definida pelo pintor, arquiteto biógrafo de artistas italianos, Giorgio Vasari: "De tempos em tempos, Deus nos envia alguém que não é apenas humano, mas também divino, de modo que através de seu espírito e da superioridade de sua inteligência, possamos atingir o céu" (PIZZINGA, 2014, documento *on-line*).

Atualmente, a ilustração faz parte da coleção da Galleria dell'Accademia, em Veneza, Itália. O desenho é considerado um símbolo da simetria básica do corpo humano e, por extensão, do universo como um todo. As posições, com os braços e os pés em cruz, são alistadas juntas no quadrado. A conformação superior dos braços e das pernas é inscrita no círculo. Isso ilustra o princípio de que, na mudança entre as duas posições, o manifesto centro da ilustração aparenta se mover, mas o umbigo é o verdadeiro centro de gravidade que se mantém imóvel.

A genialidade de Leonardo é observada no cálculo da área total do círculo, que é idêntica à área do quadrado, fazendo essa estampa ser considerada um algoritmo matemático para calcular o valor do número irracional π (PI) – (aproximadamente 1,618), que representa o valor da razão entre a circunferência de qualquer círculo e seu diâmetro. A letra grega π foi adotada a partir da palavra grega para *perímetro* pelo matemático galês William Jones e popularizada pelo matemático e físico suíço Leonhard Paul Euler. O desenho foi feito à caneta, como exploração das teorias descritas por Vitruvius sobre as proporções humanas:

> [...] se um homem se coloca de costas, com as mãos e os pés estendidos, e um par de bússolas centradas em seu umbigo, os dedos das mãos e dos pés tocarão a circunferência de um círculo descrito a partir daí. E assim como o corpo humano produz um contorno circular, também pode ser encontrada uma figura quadrada. (LESTER, 2011, p. 571).

À primeira vista, percebe-se apenas dois movimentos: pés juntos com os braços esticados; braços separados e braços levantados. Mas a genialidade de Leonardo é que o corpo sobreposto permite encontrar 16 combinações desses membros estendidos. Isso me instigou a eleger o Homem Vitruviano como um símbolo do *homem versátil*, tão necessário para o sucesso e a sobrevivência nesses tempos de inteligência artificial (**Figura. 9.1**).

O mundo não está mais dividido em indivíduos especialistas e generalistas. Especialistas têm habilidades profundas e um escopo estreito, dando-lhes conhecimentos que são reconhecidos pelos pares, mas não são valorizados fora de seu domínio. Generalistas têm amplo alcance, mais habilidades de fundamentos. O que conta cada vez mais é a versatilidade, indivíduos que são capazes de aplicar com profundidade conhecimentos para resolver situações inesperadas, mas, ao mesmo tempo, angariando amplitude de fundamentos, mais experiências, novas competências, construindo relacionamentos, assumindo novos papéis. Indivíduos versáteis são capazes de se adaptar, aprender, crescer constantemente, reposicionando-se em um mundo em rápida metamorfose.

A versatilidade está na interseção de conteúdos, na necessidade de colaboração entre indivíduos com origens e pontos de vistas variegados, divergentes e antagônicos. Os braços estendidos horizontalmente descrevem pessoas que têm copiosa compreensão de vastos fundamentos conceituais, procedimentais e atitudinais, enquanto a extensão das pernas verticais configura a profundidade de conteúdos, habilidades e experiências específicas. A amplitude de conhecimento fornece empatia para outras competências e habilidades, prepara o terreno para colaboração frutífera, ao mesmo tempo em que a profundidade incita a individualidade, a arrogância, a presunção, algumas vezes prejudicando o trabalho em equipe.

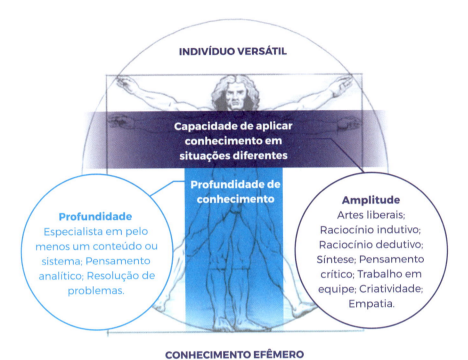

Figura 9.1 | Habilidades do indivíduo versátil.

Pessoas de braços abertos são pérvias, acessíveis, cognoscíveis, compreensíveis e entusiasmadas com seus pares. Isso é valioso em um mundo que exige interação, colaboração e participação. À medida que fazem perguntas certas, ao exercitar a magia do trabalho compartilhado, o somatório das ideias e dos conceitos se multiplica geometricamente. Por outro lado, os indivíduos que têm unicamente profundidade, que querem degustar seu protagonismo como entorpecentes, que pensam apenas em seus sapatos, crendo que a dor ludibriadora de um ator é mais autêntica que a angústia real do espectador, que desejam usufruir não mais o que for suscetível de servir a seus interesses, dificultam a interação, a colaboração, a participação, o trabalho em equipe, apresentando e não aceitando outras soluções.

Pessoas de braços abertos sabem que as atitudes afetam diretamente a qualidade de suas propostas e soluções, seja qual for o problema, o projeto ou o serviço. Que a liderança exitosa da equipe implica um grau de autocrítica, em que o egoísmo e a humildade têm grande influência. Que a liderança bem-sucedida está caracterizada por uma força vigorosa que recebe e emite ordens, aceita os desafios da concorrência com tolerância e perseverança para alcançar o sucesso. Exibe fidelidade para baixo, bem como lealdade para cima.

O mundo atual requer organizações com organogramas horizontais, não verticais, com ambiente colaborativo, pensamento flexível, criativo e expansivo. Os funcionários podem saber o que a companhia necessita realizar, todavia, fazer a instituição executar é um grande desafio. Para tanto, necessita-se de pessoas com braços estendidos, capazes de sonhar, que tenham os pés na terra e a cabeça nas nuvens; idealistas, qualificadas para transformar sonhos em visão de futuro; suficientemente práticas para torná-los realidade; determinadas, que não temam metamorfoses, mas saibam tirar proveito delas. Colaboradores que não tenham resistência à inovação, que percebam e cumpram a missão, a visão e os valores da empresa; que tenham coerência com seus princípios, crenças, propósitos; que saibam questionar, fazer a pergunta certa, no momento consentâneo, pertinente, para buscar, obter e aplicar as melhores ideias.

As instituições que querem perenidade nesse mundo robotizado, digitalizado, de inteligência artificial, requerem parceiros e não subordinados, empresas que saibam respeitar as pessoas não apenas pelo cargo, mas pelas entregas, realizações dos esforços para objetivos compartilhados, comuns a todos. Instituições que aprendam constantemente, que incentivem seus colaboradores a desenvolver as novas competências exigidas pelas novas ocupações; que não apenas se vangloriem dos sucessos passados, mas se orgulhem em se adaptar, adotar novas tecnologias, absorver novas experiências, novos conceitos, novos arquétipos.

Indivíduos com os braços abertos têm coragem de inovar, encontrar novos caminhos, criar soluções adequadas às exigências do presente e do futuro, sem as amarras de âncoras do passado; ousados ao enfrentar desafios, capazes de assumir riscos inerentes às inovações disruptivas. Pessoas que sabem construir times; que não tomam para si o poder, mas sabem transferi-lo para cada um de seus parceiros; que buscam recompensas não pelo desfecho que tiverem, mas pela parcela das habilidades que dedicam aos proventos da equipe; que ensinam que se aprende mais com o trambolhão de um cavalo do que com o encômio de um bajulador; que se empolgam não com o sucesso individual, mas com o resultado final do trabalho conjunto; que tecem elogios não somente às pessoas, mas ao processo.

Pessoas com os braços abertos enxergam as árvores, mas também contemplam a floresta; inspiram confiança; estimulam o crescimento dos parceiros sem receio que lhes façam sombra, pelo contrário, sentem orgulho do crescimento deles; criam em torno de si, por meio de sua própria atitude, um clima de entusiasmo, liberdade, determinação, amizade; fazem da esperança uma certeza;

são suficientemente racionais para compreender que a realização pessoal e do grupo está atrelada à vazão das emoções; sabem gerenciar projetos e liderar pessoas; possuem amplitude que garante profundidade no que fazem. Transmitem confiança para tentar e fé para fortalecer; não fazem jogo da aparência, com uma postura na frente e embuste pelas costas, demonstrando impotência e a verdadeira índole.

As organizações versáteis necessitam de colaboradores inteligentes, com profundidade analítica, mas com amplitude de paisagem que suportem a tomada de decisão rápida e colaborativa. Pessoas que compartilhem, socializem, discutam e convivam com as diferenças. As empresas precisam de funcionários que possam analisar um problema, formular respostas, buscar alternativas, construir soluções viáveis e robustas que combinem os melhores elementos de várias alternativas.

As escolas necessitam preparar os estudantes para que tenham amplitude nos braços, mobilidade, profundidade, flexibilidade nas pernas, sabendo que o conhecimento é efêmero, que as ocupações de hoje poderão não ser as de amanhã. Egressos com ampla capacidade técnica e analítica, mas com habilidades suaves, moldadas por uma educação abrangente sobre as artes liberais, unidas com as competências de banda estreita em campos técnicos aplicados.

As instituições de ensino necessitam estar cientes de que os conteúdos que derivam da filosofia, da literatura, da história, enfim, das ciências humanas e sociais, ajudam a lembrar que as lideranças lidam com questões mais subjetivas, qualitativas e emocionais e não somente com planilhas quantitativas racionais. Que os estudantes são pessoas sonhadoras e não um amontoado de mambembes empilhados em salas apertadas, sem estruturas, nas quais a aprendizagem acontece ao acaso e não por meio de um planejamento adequado.

Por muito tempo, a conversa foi moldada por uma pergunta incorreta para os dias de hoje: o que é mais valioso, amplitude de conhecimentos das artes liberais, humanas e sociais ou profundidade nas competências técnicas profissionalizantes? As duas são mais fortes quando emparelhadas com equilíbrio. Como as ocupações são efêmeras, certamente a amplitude de fundamentos é tão ou mais importante que os conhecimentos profundos e específicos, para rapidamente adotar, se adaptar a novas atividades, tendo flexibilidade para mudar de ocupação quando a sua for confiscada por máquinas inteligentes, regidas por inteligência artificial.

Capítulo 10

Inteligências necessárias para o século XXI

Conhecer não é suficiente, é preciso aplicar. Aplicar não é o bastante, é necessário empreender.

Rui Fava
2016

A natureza e as origens da inteligência humana são temas muito esgrimidos, debatidos e estudados. Não existe uma definição universalmente aceita de inteligência; talvez pudéssemos dilucidar: capacidade de raciocinar, discernir, interpretar, sintetizar, criar, planejar, escolher, decidir, aplicar, solucionar, resolver, pensar de forma abstrata, compreender ideias, linguagem, aprender a aprender.

A evolução da inteligência dos hominídeos pode ser rastreada ao longo dos últimos 10 milhões de anos e atribuída a desafios ambientais específicos.

A inteligência como harmonização ao desafio da seleção natural não é melhor ou pior do que qualquer outra adaptação. No entanto, é o único amoldamento que permitiu que uma espécie estabelecesse completa dominação sobre o resto do mundo natural. Se a espécie humana adquiriu inteligência suficiente para gerir essa supremacia, é uma questão de porfia. Todavia, quatro conformações de inteligências se destacam: cognitiva, emocional, volitiva e decernere.

O desenvolvimento dessas inteligências teve seu apogeu na Grécia Antiga, no século V a.C. A educação grega, sobretudo a ateniense, apregoava uma educação cujo ideal estava na fundamentação de conhecimentos e na formação humana e procurava desenvolver o indivíduo em todas as suas potencialidades. Esse desassossego com os obstáculos educativos de hoje, despertados pelo desenvolvimento das tecnologias digitais, inteligência artificial, realidade aumentada e realidade virtual, é similar ao afligimento dominante na Atenas do século V a.C., suscitado pela eflorescência da tecnologia da escrita e sinalizado com o aparecimento dos sofistas, que se explicitavam com novas propostas, soluções educativas e renovadas metodologias de ensino e de aprendizagem.

Foi o período em que os imberbes se aglomeravam em assembleias, em que ocorriam as discussões que envolviam pensamento crítico, ideias criativas, resgate de culturas e valorização da experiência dos mais velhos. Assim nasceu o sistema de ensino denominado *Paideia*, método que os aprendizes estudavam nas praças, nas sombras das árvores, tendo como objetivo o *episteme* (pensar), o *éthos* (sentir) e a *práxis* (agir), debatendo, argumentando e aprendendo temas práticos ligados à realidade junto ao ambiente cotidiano e real, análogo ao que está ocorrendo hoje por meio das tecnologias digitais, pelas quais os estudantes têm acesso à realidade virtual no momento em que estão aprendendo. Portanto, como citei em meu livro *Educação para o século 21* (2016), é factível afirmar que estamos voltando aos objetivos da *Paideia Grega*, que metaforicamente denominei de *Paideia Digital*.

A substituição do trabalho físico, repetitivo e preditivo requer muito mais fundamentos do que tecnicismo, o que significa reconstituir os objetivos da *Paideia Grega* de ensinar a pensar (*episteme*), a sentir (*éthos*) e a agir (*práxis*). Considerando a abundância de informações livres, improfícuas e efêmeras, se faz necessário, também, instruir sobre como discernir, escolher e decidir (decernere).

Resumiria todo esse arcabouço em duas palavras emprestadas da psicologia: acuidade mental; indivíduos que pensem (inteligência cognitiva); saibam manear suas emoções, tenham empatia (inteligência emocional); atitude de agir, realizar, transformar, adotar, se adaptar (inteligência volitiva); habilidade de discernir, buscar a essência, separar o que é importante e útil daquilo que é descartável, escolher e decidir em meio ao caos, obscuridade e incertezas (inteligência decernere).

Conforme a **Figura 10.1**, essas são as quatro inteligências necessárias para o sucesso profissional e pessoal no mundo digitalizado, cada vez mais automatizado, robotizado, no qual os produtos da computação e inteligência artificial estão substituindo todas as ocupações físicas, repetitivas e preditivas.

Inteligência cognitiva

O pensamento é o ensaio da ação.

Sigmund Schlomo Freud
1856-1939

Inteligência cognitiva é mestria mental que, entre outras coisas, envolve a capacidade de raciocinar, sintetizar, planejar, resolver problemas, pensar de forma abstrata, compreender ideias complexas, aprender aceleradamente e assimilar com a experiência.

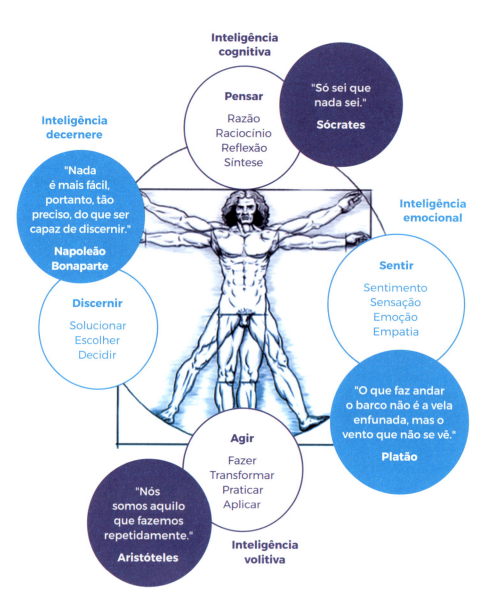

Figura 10.1 | Inteligências necessárias para indivíduos da Era Digital.

Na escola, não é meramente o ensino mecânico, por transmissão, com aprendizagem passiva, decoreba de conteúdos com prazo para descartá-los, retenção de conceitos apenas para prestar exames sem a preocupação de fixá--los, entendê-los, relacioná-los e saber o porquê. Em vez disso, reflete capacidade mais profunda, ampla e profusa para compreender os ambientes, buscar sentido das coisas, descobrir o que necessita realizar, se adaptar a novas condições, lidar com as constantes metamorfoses proporcionadas pelas novas tecnologias, fazer sínteses, raciocinar indutiva e dedutivamente, habilidades tão importantes devido ao perigo das máquinas com inteligência cognitiva que descartarão muitas das ocupações hoje realizadas apenas por humanos.

Cientistas estão trabalhando para tornar os processamentos computacionais mais aparentados com a cognição, o raciocínio e a proficiência humana. Algoritmos escondidos atrás dessas *máquinas inteligentes* são agentes racionais que resolvem problemas, graças à grande quantidade de poder de cômputo disponível que a mente humana tem dificuldades em processar. Ao contrário dos algoritmos clássicos, eles imitam as funções cognitivas humanas na medida em que entendem, argumentam e aprendem. As áreas de ciência da computação, como inteligência artificial, inteligência cognitiva e aprendizagem de máquinas, irão alterar o futuro do trabalho, da educação e do processo de ensino e de aprendizagem. O incômodo, a vicissitude e o imbróglio é que muitos educadores não estão enxergando, ou não querem enxergar, aceitar, adotar e se adaptar a essas mutações.

Inteligência emocional

As emoções dirigem a nossa atenção. A atenção foge do que é desagradável, portanto, atratividade é imprescindível.

Rui Fava
2012

Os psicólogos norte-americanos John D. Mayer e Peter Solovey definiram inteligência emocional como: "A capacidade de monitorar os sentimentos, as emoções próprias e dos outros, assim como a capacidade de lidar com elas" (MAYER; SALOVEY, 1997, p. 15).

O psicólogo e escritor norte-americano Daniel Goleman concentra-se em uma gama de competências que impulsionam o desempenho de liderança:

1. **Autoconsciência:** capacidade de ler as emoções da pessoa e reconhecer seu impacto enquanto utiliza esses sentimentos para orientar as decisões.

2. **Autogestão:** envolve o controle das próprias emoções, adaptando-se às circunstâncias das mutações.

3. **Consciência social:** capacidade de sentir, compreender e reagir às emoções dos outros.

4. **Gerenciamento do relacionamento:** capacidade de inspirar, influenciar e gerenciar conflitos.

Com a substituição das ocupações físicas, repetitivas e preditivas, o autocontrole emocional passou a ser tão ou mais importante do que o quociente de inteligência (QI). Como indivíduo, o sucesso pessoal e profissional depende do quociente emocional (QE), a capacidade de ler os sinais das pessoas e reagir adequadamente a eles. O psicólogo cognitivo e educacional norte-americano Howard Gardner define quociente emocional como sendo: "[...] nível de capacidade de entender outras pessoas, o que as motiva e como trabalhar de forma cooperativa com elas" (GARDNER, 1995, p. 21).

Pesquisadores enumeram cinco categorias de habilidades de inteligência emocional:

- **Autorregulação:** saber quanto tempo durará um sentimento utilizando técnicas para aliviar principalmente as emoções negativas, como raiva, ansiedade e depressão.

- **Motivação:** para motivar-se para qualquer realização, é necessário ter metas claras e atitudes positivas que ajudarão a atingir os objetivos.

- **Empatia:** quanto mais hábil em discernir os sentimentos por trás dos sinais dos outros, melhor poderá controlar os presságios que você os envia. Uma pessoa empática se destaca em: orientar o serviço, antecipando, reconhecendo e atendendo às necessidades das pessoas; sentir no que os outros precisam progredir e reforçar suas habilidades; ler as correntes emocionais e o poder da equipe; entender e discernir os sentimentos por trás das necessidades e dos desejos dos outros.

- **Autoconsciência:** desenvolver a autoconsciência requer o ajuste de seus verdadeiros sentimentos. Se conseguir avaliar as próprias emoções, poderá gerenciá-las.

- **Habilidades sociais:** o desenvolvimento de boas habilidades interpessoais é equivalente ao sucesso pessoal e profissional. No mundo sempre conectado de hoje, todos têm acesso imediato ao conhecimento técnico. Assim, as habilidades humanas são ainda mais importantes. Entre as mestrias mais úteis estão: influência, persuasão, comunicação, inspiração, orientação de grupos e pessoas, compreensão, negociação e resolução de conflitos.

O QI sozinho não é suficiente; o QE também é importante. Na verdade, os psicólogos concordam que, entre os ingredientes para o sucesso, o QI é responsável por cerca de 10%, o restante depende de várias circunstâncias, incluindo inteligência emocional.

Bronwyn van der Merwe, diretora da Fjord, espera que a inteligência emocional surja como a força motriz por trás do que ela nominou de próxima geração de inteligência artificial, uma vez que os seres humanos serão atraídos para interação entre máquinas que transmitam algum tipo de sentimento. Conforme pesquisa da Fjord, atualmente 52% dos consumidores interagem globalmente por meio de bate-papo ao vivo ou aplicativos móveis com base em inteligência artificial, com 62% alegando que estão confortáveis com um assistente alimentado por inteligência artificial respondendo à sua consulta. "As pessoas provavelmente estarão mais empenhadas em se envolver com *bots* de bate-papo e IA que tenha personalidade, seja uma companheira, algo com o qual as pessoas podem se envolver" (MCLEAN, 2017, documento *on-line*, tradução nossa).

Amazon, Microsoft e Google estão contratando comediantes e roteiristas com o objetivo de aproveitar o aspecto humano da IA, construindo personalidade em suas tecnologias.

Inteligência artificial capaz de demonstrar emoção não é uma vitória garantida, pois é improvável que substituirá completamente os sentimentos humanos:

> Como seres humanos, temos entendimento contextual, temos empatia, e agora não há muito isso construído em IA. Nós acreditamos que, no futuro, as empresas que irão ter sucesso serão as que possam construir esse tipo de interação. (CANALTECH, 2016, documento *on-line*).

À medida que as organizações entram no novo território que é inteligência emocional por meio de máquinas, se faz mister uma longa e responsável reflexão sobre o impacto da IA sobre a sociedade, a educação, o emprego e o meio ambiente.

Inteligência volitiva

> *Se você não quer ser esquecido quando morrer, escreva coisas que valem a pena ler ou faça coisas que valem a pena escrever.*
>
> **Benjamin Franklin**
> *1706-1790*

Consoante o dramaturgo irlandês George Bernard Shaw, o mundo possui três tipos de pessoas: "Aqueles que fazem as coisas acontecerem, aqueles que observam o que acontece e aqueles que se perguntam o que aconteceu" (SHAW, c2018, documento *on-line*).

Os gurus da estratégia, o norte-americano Gary P. Hamel e o indiano americanizado Coimbatore Krishnarao Prahalad, comentam o mesmo ponto: "[...] na estrada do futuro há motoristas, passageiros e pedestres incautos. Os passageiros chegarão ao futuro, mas seu destino não está em suas próprias mãos" (PRAHALAD, c2018, documento *on-line*).

A principal indagação entre essas afirmações é: até que medida as pessoas e as empresas são proativas? Esse vocábulo adentrou no léxico gerencial de maneira incontestável. Profissionais são exortados a serem dinâmicos, arrojados, empreendedores e terem iniciativa. Recentemente, o escritor norte-americano Robert E. Kelley destacou a proatividade como conduta-chave que distingue profissionais estrelas e trabalhadores comuns. Essa idiossincrasia é claramente compreendida como primordial nesses tempos de automação, robotização e inteligência artificial.

Os profissionais poderão enfrentar a faina de maneira muito diferente: uns se encarregam de lançar novas iniciativas, gerar mutações construtivas e liderar de forma dinâmica e ativa. Outros tentam manter a conjuntura, se conformar com o tradicional, ficar apenas com a cabeça acima da água, serem bons guardiões do *status quo*. Os primeiros abordam as questões de frente e trabalham para uma transmutação construtiva. Os segundos seguem a corrente, são empurrados pelo fluxo da multidão sem qualquer diferencial e conduzem passivamente os negócios de forma conservadora em uma enfadonha rotina.

Os primeiros não esperam ser provocados, tomam iniciativa; os segundos são conservadores, normalmente se utilizam de uma pseudopoliticagem para se manter vivos. Ser proativo é transformar, inovar, ser disruptivo, fazer diferente, ser seguido e não seguidor. O comportamento proativo distingue os indivíduos do resto do mercado, cria metamorfoses, não envolve apenas atributos de flexibilidade, adaptabilidade, mas adota-os, assume riscos, constrói pontes para o futuro. No outro extremo, uma conduta não proativa inclui acomodar-se, aguardar que os outros façam coisas novas esperando passivamente que as mutações propostas funcionem bem para depois adotá-las. São correligionários e não precursores; são vagões e não locomotivas, são cópias e não original, razão pela qual ficam apenas com o resto, as sobras, e não saboreiam o prato principal.

Proatividade, dinamismo e iniciativa se resumem no que denominaria de inteligência volitiva. O adjetivo *volitivo* deriva do latim *volitivus; volitio de voluntas.atis*, que significa vontade. A vontade, por sua vez, é a faculdade de decidir, organizar a própria conduta. Uma atitude reflete a materialização das ideias em realização efetiva.

É perceptível a magnitude das inteligências cognitiva e emocional na composição profissional, entretanto, no mundo tecnológico hodierno, essas duas sapiências não são suficientes. Além do QI elevado e de um QE que garanta um comportamento equilibrado e permita o exercício da liderança, uma terceira competência, o quociente volitivo (QV), está presente para o sucesso nesse mundo automatizado no qual a inteligência artificial vem substituindo ocupações antes exercidas somente por humanos.

A inteligência volitiva está associada à vontade, ao exercício do querer. O desejo fomenta o desenvolvimento de ações que desencadeiam a evolução da inteligência cognitiva e da inteligência emocional. Todavia, nesse mundo tecnológico, a mais notável característica para o profissional do futuro é o QV. A inteligência volitiva permite implementar inovações, estratégias, transmutações e metamorfoses que culminam na descaracterização da concorrência, faz surgir hodiernas ocupações, tenros produtos, novos serviços e vigorosos mercados e determina o sucesso de qualquer profissional.

A inteligência volitiva propicia a *eficiência*, estando relacionada com a maneira como a atividade é realizada: fazer o que deve ser feito; produzir corretamente utilizando os recursos da melhor forma possível; vislumbrar o custo-benefício de cada projeto, de qualquer ação; alcançar o mínimo de perdas e desperdícios. Faculta a eficácia, estando relacionada à tomada de decisão, ao discernimento, às escolhas e aos resultados obtidos: fazer corretamente o que deve ser feito; capacidade de atingir objetivos; cumprir metas; realizar o que foi proposto. Proporciona a efetividade estando relacionada à capacidade de ser eficiente e eficaz ao mesmo tempo: transformar a situação existente; promover mutações e desenvolvimento; produzir um efeito real e duradouro.

Muito se discorre sobre as inteligências cognitiva e emocional nas escolas. No entanto, currículo algum propõe alguma ênfase na inteligência volitiva, que é a base para a formação do profissional integral. Quando me refiro ao desenvolvimento da inteligência volitiva, estou especificando aqueles educadores que estão dispostos a sair do plano ideológico para se comprometerem com a missão educativa, sem se importar com as dificuldades encontradas pelo caminho, que realizem os sonhos de seus estudantes de se tornarem excelentes profissionais-cidadãos.

Realização significa aplicar os conceitos aprendidos e agir transformando a realidade, o que é diferente de apenas transmitir conceitos e princípios. Uma ideia é apenas o preâmbulo e, por si só, não transforma absolutamente nada. Com tanta informação disponível, a diferença entre o bom e o mau educador está na capacidade de transmitir conteúdos, na habilidade de aplicá-los e na competência de ativá-los e torná-los efetivos.

Devido ao nível de concorrência, tanto das máquinas inteligentes quanto dos indivíduos capacitados, a inteligência volitiva é uma competência mandatória. Ela é intangível, pura energia fortificadora de realização. Assim, a inteligência volitiva é, então, a competência mais significativa, pois desencadeia a constante evolução das inteligências cognitiva, emocional e decernere, criando o ambiente perfeito para a formação da inteligência integral, propiciando o equilíbrio das forças que levam à formação de um profissional versátil, tão necessário para que se tenha sucesso nesse mundo dominado por produtos e serviços da inteligência artificial.

Inteligência decernere

O discernimento consiste em saber até onde se pode ir.

Jean Maurice Eugène Cocteau
1869-1963

Com o advento da revolução da informação e sentindo a falta da respeitável e inescusável anuência dos catedráticos comportamentais, sem qualquer estudo aprofundado, baseado nas necessidades contemporâneas e cotidianas, acrescento a essa tríade o que estou denominando de *inteligência decernere*, capacidade de discernir, escolher, decidir em meio ao caos, obscuridades e incertezas, analisar a abundância de informações fúteis, kafkianas e inconsistentes.

A inteligência decernere é a faculdade de saber examinar, testar proposições de qualquer tipo que sejam oferecidas para aceitação, a fim de descobrir se elas correspondem ou não à realidade. Embora abranja uma ampla gama de atividades mentais, como pesquisa, escolha de informações, raciocínio efetivo, pensamento sistêmico, resolução de problemas e tomada de decisões, a parte medular da inteligência decernere refere-se a reivindicações de questionamento, da crítica, do discernimento em sua essência, em vez de aceitá-las ao valor nominal.

A despeito de não existir na literatura contemporânea, a *inteligência decernere* remonta ao trabalho de Sócrates, que faz perguntas reais para encorajar seus discípulos a clarificar seus pressupostos e fazer *backup* de suas reivindicações, empurrando ideias parciais que pareciam evidentes e que expunham os preconceitos subjacentes e as lacunas no raciocínio. De início, fazia perguntas às quais seus aprendizes respondiam com sua própria maneira de pensar, a qual ele aparentava aceitar. Posteriormente, procurava convencê-los da pobreza, esterilidade de suas reflexões, suas contradições, suas incompatibilidades, seus paradoxos, levando-os a admitir seus equívocos. Por intermédio da maiêutica, ele mergulhava no conhecimento, ainda superficial na etapa anterior, sem atingir um saber absoluto. Seu senso de humor costumava desorientar seus ouvintes, que na conclusão do debate acabavam admitindo seu desconhecimento.

Agora, mais de 2450 anos após, com a revolução da informação, o advento de máquinas inteligentes por meio da inteligência artificial, a *inteligência decernere* voltou a ser uma prioridade para a trabalhabilidade e a educação. Tais hábitos de saber discernir e compreender o pensamento crítico são tão ou mais importantes do que qualquer conhecimento de conteúdos específicos ofertados nos currículos sem demonstrar uma aplicabilidade evidente.

Era da Informação ou Era Digital são termos que designam os avanços tecnológicos advindos da Terceira Revolução Industrial, que reverberaram por meio da comunicação, informatização e internet. Até certo ponto, a revolução da informação pode ser comparada a uma música que começa de forma silente, com compasso lento, e harmoniosamente vai amplificando o tom, o ritmo, até explodir fazendo tremer todo o ambiente. Da mesma forma, a revolução da informação fleumaticamente iniciou em torno de 3000 a.C. com os pictogramas suméricos. A partir de então, acompanhou a evolução tecnológica da humanidade.

Entre os marcos da revolução da informação estão a invenção da impressa, em 1430, por Johannes Gutenberg; o trabalho de Ada Augusta Lady Byron, condessa de Lovelace, reconhecida por ter escrito o primeiro algoritmo para ser processado por uma máquina; a máquina analítica de Charles Babbage, que projetou o primeiro computador mecânico de uso geral em 1830; a invenção do primeiro telefone na década de 1870, pelo italiano Antonio Santi Giuseppe Meucci; o trabalho de Alan Mathison Turing, influente no desenvolvimento da ciência da computação e formação do conceito de algoritmo e computação com a máquina de Turing, desempenhando um importante papel na criação do computador moderno; o desenvolvimento do ARPANET (Advanced Research Projects Agency Network), pelo departamento de Defesa dos Estados Unidos, na década de 1960, a primeira rede operacional de computadores à base de comutação de pacotes e precursora da internet, criada para fins militares; as primeiras versões do sistema operacional UNIX, no final da década de 1960, originalmente criado por Ken Thompson, Dennis Ritchie, Douglas McIlroy e Peter Weiner, que trabalhavam nos laboratórios Bell (Bell Labs) da AT&T. A criação da *World Wide Web* pelo gênio da informática Timothy John Berners-Lee, cientista da computação britânico, que fez a primeira proposta para criação da WWW em 25 de março de 1989 e, em 25 de dezembro de 1990, com a ajuda de Robert Cailliau, implementou a comunicação bem-sucedida entre um cliente HTTP e o servidor por meio da internet. Em 30 de abril de 1993, como resultado do trabalho em conjunto do Conseil Européen pour la Recherche Nucléaire (CERN), o maior laboratório de física de partículas do mundo, localizado em Meyrin, na região de Genebra, na fronteira franco-suíça, a tecnologia foi colocada em domínio público. Em 1994, construíram um projeto para introduzir a *web* como um recurso para a educação.

Mais que uma transmutação, a humanidade está experimentando uma metamorfose duradoura no que diz respeito ao desenvolvimento de tecnologias capazes de criar, transmitir e armazenar informações. À primeira vista, parece não haver nada de inovador, todavia, dois tópicos nos permitem compreender a natureza revolucionária da tendência informacional: a disseminação extensiva das tecnologias de informação e comunicação (TICs), a denominada *computação ubíqua*; e as profundas mutações que essa disseminação proporciona em toda a sociedade.

A princípio, existe a falsa sensação de que o uso pessoal de computadores, *tablets* e *smartphones* para fins de entretenimento e trabalho é o único exemplo da disseminação das TIC, porém, isso é tão somente a ponta do *iceberg*. Elas constituem uma das ferramentas fundamentais para o progresso da ciência experimental e fornecem os meios para armazenar e gerenciar informações históricas, econômicas e legais.

A Era da Informação e do Conhecimento que vivenciamos descortina um mundo nupérrimo, no qual o trabalho físico, repetitivo e preditivo é executado por máquinas inteligentes, cabendo aos seres humanos a criatividade, a imaginação, o discernimento, as escolhas e a criação de boas ideias. A quantidade da informação e da disponibilização pelos meios informatizados vem crescendo volumosamente. A questão central está em como gerir esse mundo e retirar dele o subsídio para a tomada de decisão. Desenvolver competências e habilidades para discernimento, tratamento, armazenamento e escolha da informação transforma-se em um diferencial competitivo dos indivíduos na Era Digital. Daí a importância da *inteligência decernere*.

Ao finalizar a descrição dessas quatro inteligências, constato que as escolas têm um compromisso, uma incumbência e uma oportunidade cabalmente fantásticos. Se implementarem currículos por competência e ajustarem as metodologias para edificação dessas quatro sapiências, estarão mais próximas de instruir profissionais capacitados para as novas ocupações que a tecnologia irá proporcionar e de formar cidadãos que perpetuam uma vida permeada de atitudes positivas e objetivos concretos em detrimento de uma vida tépida, baseada na quimera, na fantasia e na contemplação: "O que pensamos ou o que sabemos ou o que acreditamos é de pouca influência. Somente o que fazemos é capaz de gerar alguma consequência" (RUSKIN apud PACHECO, 2012, p. 77).

Certamente esteja nesse deslumbrante ensinamento do escritor e poeta britânico John Ruskin a motivação para todos os pais, mães e educadores para praticar a inteligência volitiva a fim de desenvolver as inteligências decernere, cognitiva e emocional dos jovens.

Capítulo 11

O Iluminismo está de volta e provoca o fim da Era da Informação e o advento da Era da Experiência

> *Na era da experiência, as pessoas não são vistas como um perfil de hábitos consolidados, as pessoas são o que fazem, o que vivem, o que experimentam.*
>
> **Karina Israel**

Certo dia, conversando com meu filho geração Z, que havia acabado de chegar da faculdade, fui surpreendido com a seguinte pergunta: "Pai, por que eu preciso de professor?".

Ficou axiomático com esse questionamento como a tecnologia metamorfoseou o modelo mental dessa nova geração. Na verdade, ele estava declinando os sistemas de ensino e de aprendizagem concebidos, criados e vigentes há centenas de anos.

Hoje, meu filho vivencia um cenário em que tudo que precisa aprender está a um clique de seu *mobile equipment*. Por outro lado, o modelo educacional presente foi baseado em um processo linear, mecânico, de transmissão, sem possibilidade de questionamento dos dogmas apresentados pelo professor, conteúdos que estimulam a memorização de dados e fatos, sistema que não mais é válido para esse mundo no qual a inteligência artificial está armazenando e disponibilizando todas as informações imperativas no momento em que precisamos.

Outrora, os líderes eram reconhecidos como aqueles com grande experiência e profundidade de conhecimento em uma determinada área. Eles detinham a informação. Se alguém necessitasse de uma orientação, bastava perguntar ao seu gerente. O gerente, por sua vez, questionava o seu diretor. O eixo de poder estava nas mãos de quem detinha a informação, o que facilitava o modelo de comando e controle. Hodiernamente, uma nova visão de mundo entrou na bulha. Finalizou a Era da Informação.

Um dos mais importantes dramaturgos gregos, Sófocles, narra em uma de suas tragédias, *Édipo Rei*, que o Rei Édipo furou os próprios olhos depois de descobrir que havia matado o seu pai e casado com sua mãe. Mesmo consultando o oráculo, era um apedeuta, obtendo a informação tardiamente.

Na Idade Média, a Igreja detinha o poder por meio do confisco de todas as informações. Quem a enfrentava ou sustentava conhecimentos contrários aos seus interesses, a inquisição julgava, matava e destruía a proveniência. Com o advento da imprensa, veio a luta pela difusão da informação, pela liberdade de expressão. Com o desenvolvimento da tecnologia de informação e de comunicação, o conhecimento, a notícia e o relato foram em tal grau disseminados que essa época foi denominada de Era da Informação. Diariamente, as pessoas trocam pela internet bilhões de *e-mails*, dedicam uma média de 30% do tempo de trabalho para ler, redigir *e-mails*, enviar mensagens e gerenciar informações.

O acesso ao conteúdo não é mais o obstáculo, as escolas devem ensinar seus estudantes a processar, a discernir e a escolher corretamente a informação, transformando-a em conhecimento. Mostrar que eles não podem ser reféns do enorme volume de informes, da *overdose* dos *bits*, do bombardeio de imagens, notícias, dados e estímulos. Os estudantes precisam estar cientes de que o essencial não é a notícia, e sim o conhecimento.

Na Era da Informação, o computador era o centro. Na fase da experiência, o ser humano passa a ser o foco. Estamos vivenciando uma época similar ao Iluminismo, movimento que surgiu na França, no século XVII, que defendia o domínio da razão sobre a visão teocêntrica que subjugava a Europa desde a Idade Média. Os pensadores que tutelavam esses ideais acreditavam que o pensamento racional deveria ser levado adiante, substituindo as crenças religiosas e o misticismo, que, de acordo com eles, bloqueavam a evolução do homem. O ser humano deveria ser o âmago e passar a buscar respostas para as questões que, até então, eram justificadas somente pela fé. De certa forma, o Iluminismo está de volta. Se você se preocupa mais com as máquinas, se foca apenas nas tecnologias, nas informações e nos produtos e interage pouco com as pessoas, comece a repensar seus paradigmas, arquétipos e modelos mentais antes que seja tarde.

O que acontece quando a informação está disponível para todos? O que sucede no momento em que um estudante tem o mesmo acesso aos conteúdos que o professor? O que advém na ocasião em que o aprendiz pode ensinar o mestre a desenvolver um aplicativo? O que ocorre no tempo em que um estudante apresenta uma atividade sobre a AirBnb, Uber, Netflix, Watson, que estão revolucionando a experiência da interação pessoal no trabalho, na educação e no dia a dia?

A informação se torna uma *commodity*, acessível a todos, a qualquer hora, em todo lugar. O eixo do poder se altera. Mais importante do que ter a informação é se tornar um *learning worker*, pessoas que rapidamente conseguem aprender coisas novas e aplicar nos diversos cenários e ambientes totalmente diferentes.

O eixo do poder na escola transmutou radicalmente e, com isso, novas competências e habilidades essenciais para os processos de ensino e de aprendizagem irromperam para o século XXI: capacidade de pensar estrategicamente; habilidade de questionar o *status quo*; pensar fora da caixa; criar novas direções; dar sentido a tudo que esteja ensinando; capacidade de inspirar; conceber perguntas que ninguém faz; cenários futuros que intrigam os estudantes e os instigam a refletir; haurir a curiosidade, o desejo de saber mais sobre um determinado tema; entusiasmar os alunos não somente para aprender o conteúdo, mas testar, acertar, errar, realizar e colocar em ação.

Uma vez que a informação decorre de forma tão rápida, a instantaneidade e a experiência passam a ser o foco. Se você assistir a um episódio de um *vlog* (vídeo + *blog*), um tipo de *blog* em que os conteúdos predominantes são os vídeos, na semana, no mês ou no ano seguinte ao seu lançamento, mesmo que o tema não seja dependente da data, ele pode parecer obsoleto. Se a informação não for vista na hora em que é criada, aparenta que estamos ficando para trás. Sentimos que nem vale mais a pena comentar porque já perdeu o ápice, o momento, a ação. Esse é o sintoma do Iluminismo contemporâneo, o epílogo da fase do substantivo estático, hirto, imoto; para o princípio do período do verbo flexível, adaptável, elástico e ágil. O final da Era da Informação, o advento da Era da Experiência.

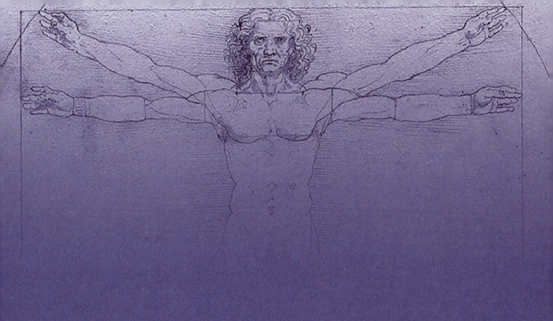

PARTE 3

FUTURO DA EDUCAÇÃO OU EDUCAÇÃO DO FUTURO

A educação não é neutra. Portanto, devemos decidir se queremos ser agentes de transformação ou de transmissão.

F. Ebernón
1952

Capítulo 12

Tecnologia, automação e educação

> *Desde a gênese do quadro negro, da chegada do retroprojetor, da invenção do projetor multimídia, o foco da tecnologia estava na transmissão dos conteúdos. Com a disseminação dos computadores, big data, inteligência artificial, o desafio agora é como acessar, escolher, adotar, aplicar a informação correta.*
>
> **Rui Fava**
> *2015*

A noção intuitiva de que a tecnologia, a automação, a robotização e a inteligência artificial arrebatariam o trabalho dos humanos e de que sobraria tempo para o ócio, o entretenimento e o lazer não é verdadeira. As pessoas estão trabalhando mais e mais, com maior produtividade. Mesmo que as ocupações físicas, repetitivas e preditivas se tornem automatizadas, aparecerão novos tipos de trabalho.

A automação não é um fenômeno novo. Os escribas medievais foram substituídos pela prensa de Gutenberg; carruagens com tração animal, por carros motorizados; lavadeiras, por máquinas de lavar roupas; dinheiro, por cartão de crédito; etiquetas de preços, por código de barras; matracas, foicinhas e enxadas, por equipamentos mecanizados que, além de tornar a produção mais eficiente, humanizam o trabalho. Contudo, a mecanização força uma maior capacitação dos trabalhadores, que, consequentemente, ganharão mais para operar máquinas, algumas por GPS, em vez de cortar manualmente 15 toneladas de cana em um único dia, por exemplo. A Hennes & Mauritz, uma multinacional sueca de moda, comutou manequins com corpos perfeitos em lugar de modelos humanos. Isso nos leva a algumas questões: que tipos de ofícios estão sujeitos à automação? Quais serão as competências necessárias para as novas ocupações? Como preparar os estudantes para as funções que realmente existirão quando se formarem?

As máquinas inteligentes executam *softwares* que seguem padrões ou um conjunto de regras sintáticas e semânticas para expressar algoritmos. Os seus pontos fortes são a velocidade e a precisão, enquanto os dos humanos são a flexibilidade, a emotividade, a criatividade, a síntese e o raciocínio crítico. À medida que a tecnologia prospera, a educação necessita se aprimorar para utilizá-la com efetividade. Dessa forma, tecnologia e educação estão na mesma corrida.

Quando a educação não acompanha o progresso tecnológico e não qualifica seus aprendizes para as ocupações emergentes, cresce a desigualdade econômica, pois raras instituições no Brasil conseguem preparar estudantes para as futuras ocupações. Poucos são os alunos que possuem meios para se matricular nessas singulares instituições. Os que não conseguem pagar têm como alternativa estudar nas centenas de escolas que ofertam um ensino tradicional, de transmissão, com salas lotadas e pouca interação entre docentes e discentes. Assim, tanto os indivíduos como a sociedade sofrem sob a forma de desemprego, subemprego, estresse pessoal, agitação social, muitas vezes não por falta de oportunidades, mas por inaptidão, incapacidade e despreparo.

Uma pergunta interessante: quão satisfeitos estão os empregadores, os estudantes e os educadores com o atual estágio de educação superior? Conforme consta na **Figura 12.1** e de acordo com pesquisas da Education to Employment Getting Europe's Youth into Work e da US Chamber of Commerce of Foundation,

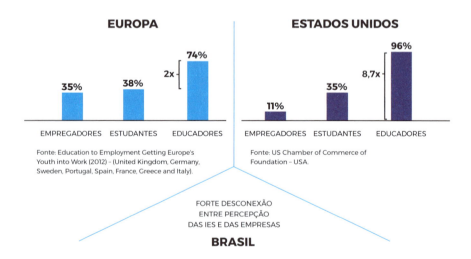

Figura 12.1 | Desconexão entre educação e empregabilidade.

existe uma enorme distância entre a percepção dos empregadores, dos educadores e dos estudantes. Nos Estados Unidos, 96% dos educadores entendem que seus alunos estão preparados para o mercado de trabalho, enquanto apenas 11% dos empregadores entendem o mesmo. Na Europa, a diferença é um pouco menor, com 74% dos educadores afirmando que seus egressos estão preparados, porém somente 35% dos empregadores concordam. Infelizmente, não temos pesquisas em nosso país, todavia certamente os percentuais sejam os mesmos ou até piores.

O Exame Nacional de Desempenho de Estudantes (Enade), que é obrigatório, avalia o rendimento dos concluintes dos cursos de graduação em relação aos conteúdos programáticos, às habilidades e às competências adquiridas em sua formação. Conforme demonstrado na **Figura 12.2**, os resultados do Enade de 2015 foram catastróficos.

No conceito de 0 a 100, a nota média nacional do curso de Administração foi 41,7 e do curso de Direito 45,6, ostentando que os estudantes estão assimilando menos da metade do conteúdo ofertado, o que justifica a dificuldade dos egressos em entrar no mercado de trabalho, por terem sidos capacitados inadequadamente. Tal fato nitidamente ratifica que o modelo educacional atual está falido, não está acompanhando o progresso tecnológico, a evolução do mercado e o advento de novas ocupações.

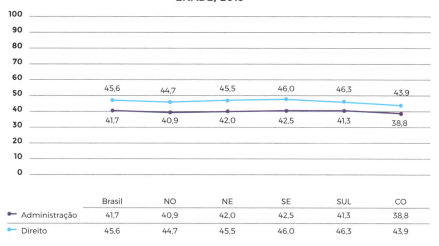

Figura 12.2 | Enade 2015 - conceitos dos cursos de Administração e Direito.
Fonte: Brasil (2015).

A dificuldade fica ainda mais complicada, uma vez que as escolas superiores buscam em seus currículos tão somente conceitos mais altos nos exames regulatórios e de corporações, deixando em plano secundário a empregabilidade e a trabalhabilidade, ou seja, o objetivo é preparar os estudantes para provas e não para a vida, quando o correto é que o resultado dessas avaliações fosse consequência de um sistema de ensino que instruísse os egressos para o sucesso profissional e pessoal.

À vista disso, quais conteúdos, habilidades e competências os estudantes devem desenvolver para um mundo em que as tarefas rotineiras, repetitivas, preditivas e impessoais estão sendo atendidas por robôs, automação e inteligência artificial? A simples decoreba de grandes quantidades de conteúdos ainda é necessária em uma fase em que é possível encontrar todas as respostas e dirimir qualquer dúvida conceitual nos diversos *softwares* de buscas pela internet?

É fato que muitos educadores estão buscando respostas razoáveis para essas questões, todavia, reiteradamente se concentram em ensinar mais conteúdo, em vez de levar os estudantes a adquirirem conhecimento mais relevante, como aplicá-los de maneira eficiente e eficaz, desenvolver competências conceituais, atitudinais, procedimentais, ensinar a pensar, a sentir, a agir, a discernir e desenvolver as inteligências cognitiva, emocional, volitiva e decernere.

Na era industrial e pós-industrial, o escopo da educação estava (em muitas instituições ainda permanece) no conteúdo, assim como o fito da tecnologia estava apenas no *software*. Com o advento da inteligência artificial, esse intuito, tanto para a educação quanto para a tecnologia, está ultrapassado. Somente a utilização de tecnologia não garante qualidade e, por isso, se faz mister uma simbiose entre docentes e discentes nas escolhas das competências e nas metodologias não assistidas, mas baseadas em tecnologia, para que a educação ocorra de maneira eficiente, eficaz e efetiva. As escolas devem estar cientes de que a educação não é mais para ensinar qualquer coisa, mas para garantir que os estudantes potencializem uma bússola confiável com as competências de navegação para encontrar o próprio caminho em um mundo cada vez mais incerto, ambíguo, etéreo, dubitável e volátil.

As escolas precisam preparar os estudantes para mutações econômicas, sociais e psicológicas céleres, para ofícios até então não imaginados, utilizar tecnologias até o momento não idealizadas, resolver problemas que ainda não sabemos quais serão. Responder a perguntas do tipo: como fomentar ganhadores motivados, comprometidos e preparados para conquistar desafios e enfrentar imprevistos de hoje e de amanhã? A dubiedade para os educadores é de que as habilidades mais descomplicadas de ensinar e que estão sendo ensinadas são as mais exequíveis de digitalizar, automatizar e robotizar.

Não há dúvida de que o conhecimento de fundamentos sempre será importante. As pessoas inovadoras ou criativas geralmente têm habilidades e competências técnicas aprofundadas em um campo do conhecimento ou uma prática, mas também têm amplitude e sólidas competências comportamentais, humanas, sociais, raciocínio indutivo e dedutivo, habilidade de aprender a aprender, pois continuamente estão assimilando algo novo.

O sucesso educacional não está na reprodução de conhecimentos e conteúdos, as máquinas munidas de inteligência artificial já reproduzem melhor que os humanos, mas no que os estudantes conseguem fazer com o que aprenderam, como se comportam e se adaptam a um mercado efêmero em constante mutação. Conforme sugerido na **Figura 12.3**, a educação deverá priorizar competências e não conteúdos, desenvolvimento da criatividade, pensamento crítico, comunicação, colaboração, reconhecimento e exploração do potencial das novas tecnologias, habilidades de ajudar as pessoas a viver, trabalhar melhor e construir um mundo mais humano e sustentável.

Cada vez mais o processo de ensino e de aprendizagem está individualizado, contudo, quanto mais interdependente o mundo se torna, mais necessitamos de interação de colaboradores, de líderes que sejam capazes de unir as pessoas na vida, no trabalho, na sociedade e na cidadania.

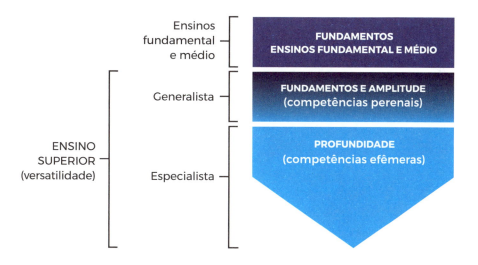

Figura 12.3 | Competências para a educação na Era Digital.

A inovação raramente é produto de indivíduos que trabalham isoladamente, mas o resultado de como mobilizamos, compartilhamos e relacionamos o conhecimento. Portanto, as escolas precisam incentivar seus estudantes para um mundo em que exista a interação, a colaboração, a necessária convivência com pessoas de diversas origens culturais, o respeito às ideias, às perspectivas e aos valores diferentes, alertando que suas vidas serão afetadas por questões que transcendem as fronteiras de onde vivem.

Enfim, as escolas necessitam mostrar a seus estudantes uma realidade em que o conhecimento tradicional está se depreciando rapidamente, para um mundo em que o poder enriquecedor das competências conceituais, procedimentais e atitudinais está se tornando cada vez mais imprescindível, inevitável e indispensável, com base em uma mistura de conhecimentos de fundamentos tradicionais e modernos, com uma aprendizagem cada vez mais autodirigida.

Capítulo 13

Educação no mundo contemporâneo

Importante não é ver o que ninguém nunca viu, mas sim, pensar o que ninguém nunca pensou sobre algo que todo mundo vê.

Arthur Schopenhauer
1788-1860

Para a maioria dos países desenvolvidos, educação é coisa séria. A chanceler alemã Ângela Merkel salienta: "[...] professores não são pessoas comuns e pessoas comuns não são professores" (JOTTA CLUB, 2017, documento *on-line*).

Docentes na Alemanha recebem os maiores salários do país. E quando os juízes, médicos e engenheiros reivindicam equiparação salarial à chanceler, que é doutora em física, ela responde: "[...] como eu posso compará-los e equipará-los com quem ensinou vocês?" (JOTTA CLUB, 2017, documento *on-line*).

Infelizmente, para o governo brasileiro, para grupos educacionais, para muitas escolas, o novo, o criativo, a fantasia, a verdadeira importância da educação está nos *slogans*, nas frases de efeito, na missão bem elaborada, mas pouco praticada, no *marketing* institucional e não na transmutação, na reforma, na atualização, no *upgrade* e na inovação dos processos de ensino e de aprendizagem, das metodologias e dos materiais didáticos. Lamentavelmente, o Brasil está na contramão do incremento da automação, perdendo competitividade, deixando nosso país cada vez mais distante das benesses proporcionadas pela tecnologia nas nações desenvolvidas. A desesperança se amplifica, uma vez que as escolas e os grupos educacionais não estão engenhando coisa alguma para que isso se reverta.

Outro exemplo de como a educação pode transformar uma nação é a Finlândia. Até a década de 1950, o país era considerado um dos menos desenvolvidos e mais pobres do mundo. Entretanto, no relatório de 2007 da UNICEF sobre o bem-estar infantil, passou a ter o mais alto nível de realizações acadêmicas entre todos os países desenvolvidos e pesquisados em leitura, matemática e ciências.

Consoante um estudo do World Concern Institute, do Reino Unido, dedicado à promoção da democracia no mundo, a Finlândia está entre os países menos corruptos e mais democráticos do mundo. A região tem sido classificada em primeiro lugar no Índice de Sustentabilidade Ambiental e, também em primeiro lugar, para a realização tecnológica pelo Programa das Nações Unidas para o Desenvolvimento. Qual é o milagre desse torrão glamoroso que, em pouco mais de 60 anos, se tornou o 6º país no *ranking* da educação pela Organização para a Cooperação e Desenvolvimento Econômico (OCDE) e o 4º no *ranking* mundial de inovação?

O prodígio começou nos anos 1970, com uma decisão histórica do parlamento finlandês: "Todas as crianças passarão a ter oportunidades iguais de estudar em escolas públicas de qualidade" (FONTOURA, 2017, documento *on-line*).

Os finlandeses resolveram abrir escolas, promoveram uma insurreição na educação que transformou a história do país. Um dos arquitetos da metamorfose finlandesa, o educador Pasi Sahlberg, salienta: "Na escola, é possível preparar nossos jovens para as provas ou para a vida. Escolhemos a segunda opção" (FONTOURA, 2017, documento *on-line*).

Nesse conceito, a educação não é a mera memorização de conteúdos científicos, mas um conjunto de competências conceituais, procedimentais e atitudinais que deve ser aprendido e aplicado pelos estudantes. Para tanto, o magistério começou a ser uma carreira de prestígio. Um modelo de excelência em educação pública. Uma nação em que a profissão de professor é mais concorrida que a de médico. Um sistema que privilegia o raciocínio lógico, em que os alunos têm menos aulas e provas, mas estão entre os melhores do mundo. Nas escolas finlandesas, o filho do empresário e do lixeiro estudam lado a lado. Mensalidades escolares não existem, o ensino é gratuito desde o pré-escolar até a universidade. Consoante os parlamentares: "[...] não é possível admitir que a qualidade da educação dependa da condição econômica das famílias" (FONTOURA, 2017, documento *on-line*).

O segundo ato do milagre finlandês foi uma política radical de valorização do professor. O magistério foi transformado em uma carreira nobre, o salário bruto de um docente do ensino básico é a metade do que ganha um deputado finlandês. Com o enaltecimento da carreira docente, esta empeçou a ser uma das mais concorridas, ultrapassando ocupações como medicina, engenharia, direito e administração.

O terceiro rito do milagre que levou o país ao topo dos *rankings* internacionais de educação foi pensar fora da caixa. A Finlândia utiliza o método conhecido como *phenomenon learning*. Segundo esse sistema, as aulas tradicionais são substituídas por projetos temáticos, nos quais os estudantes se apropriam do processo de aprendizagem. A gerente de educação de Helsinque, Marjo Kyllönen, comenta:

> Na educação tradicional, os alunos vão à escola e têm aulas de matemática, depois de literatura e depois de ciências. Agora, em vez de adquirir conhecimentos isolados sobre matérias diferentes, o papel do estudante é ativo. Eles participam do processo de planejamento, são pesquisadores e também avaliam o sistema. (FONTOURA, 2017, documento *on-line*).

Kyllönen afirma que a forma tradicional de educação, dividida entre matérias cartesianas, não está preparando os estudantes para o futuro, no qual a tecnologia terá papel fundamental no *modus vivendi*: "Quando precisarem de uma capacidade de pensamento transdisciplinar, de raciocínio lógico, de criatividade, analisar os mesmos problemas a partir de perspectivas díspares, com o sistema tradicional não estarão preparados" (FONTOURA, 2017, documento *on-line*).

Os poucos ortodoxos finlandeses resolveram realizar o contrário do que o resto do mundo faz: reduziram a carga horária dos alunos e a quantidade de provas. De acordo com a diretora da Escola Viikki, Dr. Marja Martikainen: "A prioridade é ensinar os alunos a raciocinar de forma independente e não decorar fórmulas para passar em provas. Na escola, os alunos têm aulas de criatividade, inovação e empreendedorismo" (FONTOURA, 2017, documento *on-line*).

A fórmula deu certo, o igualitário e eficiente sistema finlandês se tornou um dos mais celebrados sistemas de excelência em educação do mundo e alavancou o nascimento de uma sociedade altamente industrializada que projetou os indicadores da economia finlandesa para o topo das estatísticas mundiais. Um país que foi pobre até a década de 1950 e decidiu revolucionar a educação, tornando-se, em pouco mais de 50 anos, uma das nações mais prósperas do mundo.

Embora tenhamos vários *benchmarking* e a tecnologia tenha transformado boa parte dos ambientes que frequentamos e das atividades que realizamos, os currículos acadêmicos brasileiros ainda funcionam em um modelo da fase industrial, com disciplinas conteudistas, turmas numerosas, obrigando os estudantes a passiva e silenciosamente assistir palestras monótonas de um professor em cima de um tablado, tendo em suas costas um quadro negro, ensinando respostas prontas e receitas ultrapassadas para anomalias que nem são mais problemas.

Por outro lado, no mundo que os estudantes vivenciam fora dos portões da escola, as respostas não estão prontas, o certo e o errado são relativos. Os alunos estão diuturnamente convivendo com uma tecnologia que a escola ainda não sabe como utilizar em benefício dos processos de ensino e de aprendizagem. A tecnologia não deve ser o fim, todavia, certamente deverá ser o meio para tornar o processo de educar mais eficiente, efetivo e eficaz, sem perder o foco no que realmente importa: a aprendizagem.

Mesmo com a evolução das tecnologias, a revolução da informação e os novos conhecimentos, a inércia dos currículos é histórica, apresentando cegueira, falta de preditividade e resistência a qualquer tentativa de mexer no *status quo* de currículos incontestavelmente defasados. Embora se procure despertar para a importância de uma variedade de novas competências, habilidades e conhecimentos, é dificultoso inserir efetivamente atualizações necessárias em um sistema conteudista estabelecido. A progressão ambiciosa torna-se quase impossível sob tais restrições, mesmo em instituições que apresentam uma pseudocultura de inovação e utilização de tecnologias avançadas de ensino e de aprendizagem. O normal é adicionar conteúdos não abordados em um currículo já sobrecarregado, com a pressão de preparar avaliações superficiais, cujo objetivo não é medir conhecimento, mas apenas se o estudante decorou o mínimo necessário para ser aprovado.

Os currículos atuais, em sua maioria, são construídos por *especialistas* com opiniões tendenciosas, previsíveis, almas ideológicas, pois desejam a manutenção dos padrões tradicionais e a preservação dos benefícios adquiridos. Em outros cenários, são leais às suas teses de estudo, tendo dificuldade de descartar partes de todo o tecido do conhecimento de seu campo, mesmo que estes já se encontrem desatualizados. Somado a isso, os acadêmicos operam em um relativo isolamento das demandas do mundo real, às vezes desconhecem as formas como os conteúdos ministrados por eles estão sendo aplicados fora da academia.

Para os educadores tradicionais, o importante é a transmissão de conteúdos, esquecendo que o que está acabando com a fase da informação não é a quantidade de dados, mas a maneira como nos relacionamos com eles. Não é necessário colocar nos currículos todos os conteúdos que alguém já disse, concebeu ou conceituou, e sim o que podemos realizar com essas informações. Como não é viável absorver todas as informações disponíveis, agora o foco está em saber como encontrá-las, filtrá-las, discerni-las e utilizá-las quando for preciso. Trata-se da utilização do denominado método *Just-in-Time Learning* (JiTL), que discutimos no livro *Educação para o século 21* (2016).

A tecnologia está promovendo uma inversão silenciosa. Ao conceber um currículo, devemos pensar no futuro, aprender com os jovens, não de idade, mas de espírito, e não mais com os mais velhos que não estão acompanhando a metamorfose promovida pela inteligência artificial. Portanto, a tecnologia, o futuro e os jovens devem ditar os princípios, as premissas e os propósitos, e não mais a tradição, a herança e a continuidade do que já deu certo em circunstâncias, conjunturas e contextos anteriores.

A implementação bem-sucedida de um currículo por competência dependerá de fatores decisivos: ao nível de gestão, é preciso firmeza, trabalho exaustivo de convencimento e, se necessário, até de substituições dos saudosistas; uma visão claramente articulada sobre o tipo de educação que os estudantes necessitam, com o envolvimento contínuo de gestores e executivos que atuam no mundo real. É preciso reexaminar cuidadosamente a relevância do que está sendo ensinado, curar as unidades curriculares de fundamentos básicos, adicionar competências relevantes, enfatizar a aprendizagem holística, ter coragem para inovar, trabalhar com as incertezas, deixar o conforto de um currículo velho o suficiente com o qual os docentes nem necessitam preparar suas aulas pela repetição de anos e anos.

A versatilidade é a chave para a sobrevivência em um mundo em mutação. Essa é uma premissa para todas as espécies vivas, portanto, também é truísmo para os currículos educacionais. Se um currículo não é flexível e adaptável, torna-se rígido e logo ultrapassado. Não existe currículo perfeito que não necessite ser atualizado; dependendo do tema, a metamorfose poderá acontecer anualmente ou até semestralmente. Essa é uma afirmação que dificilmente encontrará adeptos em educadores conservadores que não observam o mundo além dos muros da escola. Isso não significa que os currículos devam seguir os modismos, mas que a escola precisa encontrar mecanismos para mantê-los atualizados com descobertas modernas e novos avanços.

Para alguns objetivos de aprendizagem, a sala de aula não é o ambiente de tirocínio ideal, existem muitas oportunidades para uma aprendizagem profunda e rica além das paredes da sala de aula. Essas oportunidades informais incluem uma grande variedade de programas extracurriculares, como visitas a museus, passeios virtuais, *softwares* de aprendizagem em realidade virtual, realidade aumentada, laboratórios *makers*, serviços comunitários e estágios supervisionados.

É importante reservar no currículo porções adaptáveis às necessidades, aos interesses e às metas de crescimento individuais. Um currículo no qual não existam disciplinas, e sim o desenvolvimento de competências. É exequível proporcionar aos estudantes que, similar a um lego, escolham quais competências querem desenvolver para sua futura ocupação. O controle pessoal do aprendizado é motivador, pois proporciona ao estudante definir a sua aprendizagem ao longo da vida. O currículo por competência deverá destacar os aspectos práticos, cognitivos, emocionais e volitivos, com material cada vez mais sendo prescrito de baixo para cima e cada vez mais escolhido e administrado pelo próprio estudante.

A fase dos cursos conteudistas, previamente prontos, com sequenciamento de disciplinas escolhidas pela escola, deverá desaparecer. As escolas irão ofertar uma série de competências comportamentais, humanas e técnicas, e o estudante irá montar o arcabouço de competências que julgar necessárias para suas pretensões profissionais e de vida. A flexibilidade, a versatilidade e a aplicabilidade serão os princípios que irão direcionar as escolas de ensino superior. Os ensinos fundamental e médio terão a obrigação de preparar os fundamentos necessários para a profissionalização. Aliás, também o ciclo básico de cada área deverá desenvolver uma amplitude de fundamentos necessários para as competências a serem escolhidas ou para a profundidade de conhecimentos necessários para a futura profissão.

A **Figura 13.1** demonstra a dinâmica desde o momento em que os estudantes entram na escola: o currículo fornece conteúdos, materiais didáticos e metodologias no início, removendo-os na medida em que não são mais necessários, permitindo que os estudantes continuem aprendendo, impulsionados por seus próprios interesses.

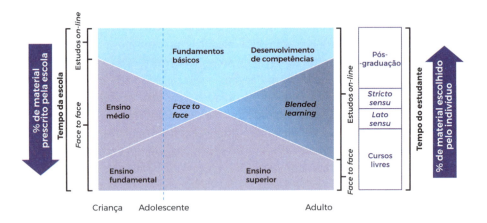

Figura 13.1 | Fluxo do tempo da escola e do tempo do estudante nos processos de ensino e de aprendizagem.

Não obstante à utilização de tecnologias e metodologias ativas, tanto o ensino de nível fundamental como o de nível médio deverão continuar a ser *face to face*. Por múltiplos porquês, os fundamentos básicos institucionais e de área do ensino superior também carecerão de ter presencialidade: primeiro, para habilitar os discentes ao estudo autônomo; segundo, devido à falta de cultura e ao desconhecimento, cerca de 75% dos alunos brasileiros preferem a modalidade *face to face*, por conseguinte, se faz mister prepará-los nos primeiros períodos do curso. Em um olhar mais comercial de captação, o ensino híbrido deverá concorrer com os 83% que preferem o ensino presencial, e não com os 17% que já fazem cursos *on-line*. À medida que o curso for amadurecendo, incluindo a fase de profissionalização, toda a teoria poderá ser ensinada em modo 100% virtual, ofertando apenas as práticas de laboratórios presenciais, por motivos óbvios.

Uma pergunta intrigante: Quando a educação poderá ser ofertada de forma 100% virtual para todos os níveis?

Esse é um cenário factível, todavia, o homem é um ser gregário por excelência. Existe, em todo ser humano, uma agradável sensação de paz e bem-estar derivado do *se sentir parte integrante de um grupo*, condição em que se sente menos desamparado.

Aristóteles fundamentou a tese de que o homem é um animal social: "A união entre os homens é inata, porque o homem é um ser naturalmente carente, que necessita de coisas e de outras pessoas para alcançar a plenitude" (OLIVEIRA, 2009, documento *on-line*).

O processo de autoconstrução é algo socializado, o que significa dizer que ninguém é verdadeiramente feliz enclausurado em si mesmo ou o tempo todo *conversando* com uma máquina, por mais dotada de inteligência artificial que seja. A evolução depende de outros, a convivência permite situações-teste para o desenvolvimento das inteligências cognitiva, emocional, volitiva e decernere. Aprender a lidar com a racionalidade, os sentimentos, as emoções, o pragmatismo e as sensações é qualificar a dinâmica do contubérnio, relacionamento e convívio. É demasiado dificultoso desenvolver nos estudantes da modalidade 100% ensino a distância (EaD) a inteligência volitiva, tão necessária nesses tempos de automação, robotização e inteligência artificial, pois a aplicação dos conteúdos, a construção de produtos, a resolução de problemas e o desenvolvimento de projetos ficam profundamente lesados.

Adicional a esse ponto de vista, o ser humano dispõe de cinco capacidades, cinco sentidos. É com a *permissão* destes que nos relacionamos com os outros seres vivos, com o ambiente e com os objetos. Também é por meio deles que observamos a luz, os fenômenos climáticos, apreciamos o cheiro, reverenciamos o sabor de cada coisa. Com eles, temos a capacidade de interpretar a biogeocenose e captar diversos estímulos. Com toda essa aptidão, será que seria legítimo, coerente, plausível, abster-se de usufruir dessa capacidade humana de interagir, passando a utilizar somente a visão e a audição necessárias na oferta do 100% EaD, apartando-se dos outros três sentidos?

Evidentemente que se trata de uma lucubração insipiente, bestialógica, kafkiana, para quem vem defendendo desde o início desse livro o afluxo da tecnologia digital e da inteligência artificial no cotidiano. Não obstante, é provável que os processos de ensino e de aprendizagem de forma 100% virtual venham a acontecer, todavia poderá levar algum tempo. Afinal, até então é crível considerar as palavras do poeta jacobita inglês John Donne, que foi categórico ao ressaltar: "Nenhum homem é uma ilha isolada; cada homem é uma partícula do continente, uma parte da terra" (DONNE, 2012, p. 1316).

Isso significa que a modalidade 100% virtual dificilmente conseguirá sobreviver, assim como o *face to face* 100% também deverá ter poucos adeptos, aflorando o *blended learning*, o ensino híbrido, como uma mistura perfeita para estudar, socializar, interagir, cooperar, conviver, fazer amigos, enfim, concomitantemente interagir com seres humanos e máquinas inteligentes.

A modalidade EaD vem evoluindo, conforme a **Figura 13.2**, e, sem dúvida, o ensino híbrido será a modalidade do futuro no médio prazo e, no Brasil, a maioria das escolas de ensino superior ainda não está se preparando para isso.

Muitos grupos ofertam o ensino a distância com o objetivo de angariar o máximo de alunos possíveis, ofertando uma educação assistida por computador, com minguada interação entre os estudantes, e sim com sistemas de gestão de aprendizagem de pouca tecnologia participativa, trazendo como benefício ao país, talvez, inclusão, mas não qualificação, portanto, formando egressos analfabetos para as ocupações tecnológicas que estão surgindo, afastando o Brasil cada vez mais dos países desenvolvidos.

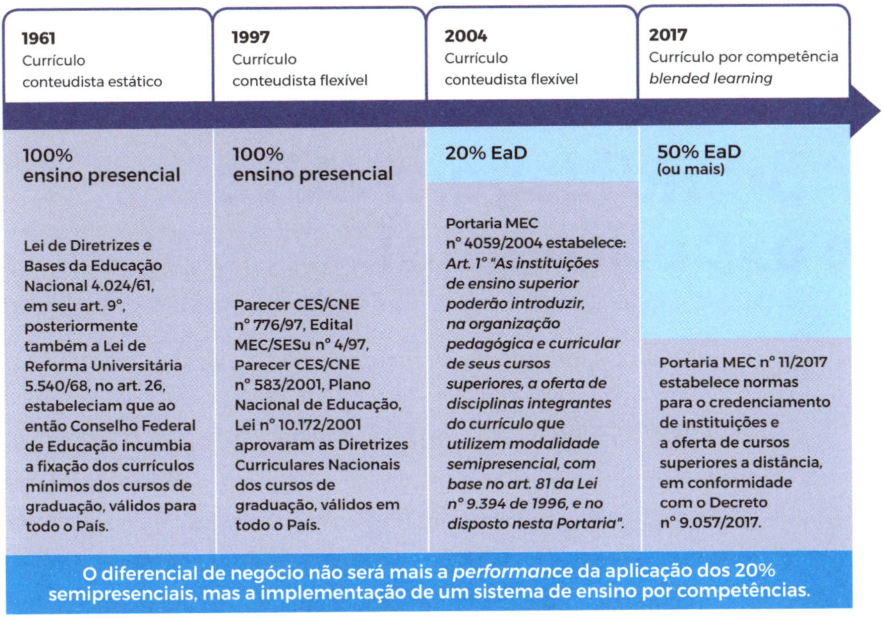

1961	1997	2004	2017
Currículo conteudista estático	Currículo conteudista flexível	Currículo conteudista flexível	Currículo por competência *blended learning*
100% ensino presencial	**100% ensino presencial**	**20% EaD**	**50% EaD** (ou mais)
Lei de Diretrizes e Bases da Educação Nacional 4.024/61, em seu art. 9°, posteriormente também a Lei de Reforma Universitária 5.540/68, no art. 26, estabeleciam que ao então Conselho Federal de Educação incumbia a fixação dos currículos mínimos dos cursos de graduação, válidos para todo o País.	Parecer CES/CNE n° 776/97, Edital MEC/SESu n° 4/97, Parecer CES/CNE n° 583/2001, Plano Nacional de Educação, Lei n° 10.172/2001 aprovaram as Diretrizes Curriculares Nacionais dos cursos de graduação, válidos em todo o País.	Portaria MEC n° 4059/2004 estabelece: Art. 1° *"As instituições de ensino superior poderão introduzir, na organização pedagógica e curricular de seus cursos superiores, a oferta de disciplinas integrantes do currículo que utilizem modalidade semipresencial, com base no art. 81 da Lei n° 9.394 de 1996, e no disposto nesta Portaria".*	Portaria MEC n° 11/2017 estabelece normas para o credenciamento de instituições e a oferta de cursos superiores a distância, em conformidade com o Decreto n° 9.057/2017.

O diferencial de negócio não será mais a *performance* da aplicação dos 20% semipresenciais, mas a implementação de um sistema de ensino por competências.

Figura 13.2 | Evolução do ensino a distância no Brasil.

Capítulo 14

Aprendizagem ativa e experimental

> *Na escola, primeiro te ensinam uma lição e depois aplicam uma prova. Na vida, primeiro te aplicam uma prova e depois você aprende a lição.*
>
> **Mário Quintana**
> *1906-1944*

A globalização, a informatização, a tecnologia, a inteligência artificial, a trabalhabilidade e o advento das gerações Y e Z forçaram as instituições de ensino a adotar o uso de novas metodologias mais aderentes ao perfil dos estudantes e às tecnologias digitais. Tal estratégia auxilia docentes a terem formas eficazes de ajudar os alunos a se envolverem em atividades baseadas em ideias sobre como as pessoas aprendem.

Aprendizagem é um fenômeno assaz complexo, múltiplo, compósito, que envolve variáveis dificultosas de delinear. Todavia, para intuitos instrutivos, conforme a **Figura 14.1**, é factível estipular quatro dimensões nas quais a taxonomia de aprendizagem ativa e experimental (TAAE) ocorre: cognitiva, afetiva, volitiva, decernere. Quando se assimila algo, uma ou mais áreas são instigadas; efetivamente, os domínios interagem, em vez de se comportarem cartesianamente.

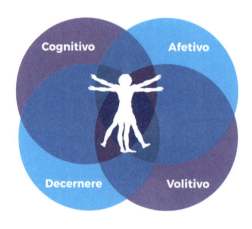

Figura 14.1 | Taxonomia da aprendizagem ativa e experimental.

Taxonomia é mais que uma compilação de classes, perspectivas ou dimensões. Se faz mister que haja sentido de hierarquia na classificação, ela deve ter sequência, cumulatividade, caracterizando um *continuum*. Os processos estão correlacionados à instrução e à aprendizagem, ou seja, não representam o que o indivíduo já tenha assimilado no seu contexto cultural. São cumulativos, ou seja, uma perspectiva cognitiva e, por sua vez, outorga embasamento à seguinte. Isso implica que uma categoria cognitiva posterior é conexa e complementar, o que requer que o estudante a domine antes de atingir a próxima perspectiva. Para atingir o estrato *aplicação*, é preciso dominar o *discernimento* e a *análise* da escolha, bem como a *compreensão* dos *conhecimentos* a serem adquiridos, conforme ordem constante na **Figura 14.2**.

Na perspectiva *conhecimento*, agrupam-se os processos que demandam que os estudantes reproduzam com precisão os conteúdos conceituais, procedimentais e atitudinais necessários para o incremento das competências. Lembrando que competência é definida como: **O que o egresso necessita conhecer bem** (conceitos, princípios, conteúdos, teoria, procedimentos, datas) **para ser capaz de...** (produzir um produto, realizar um serviço, resolver um problema, desenvolver um projeto real ou simulado).

Por conseguinte, o *conhecimento* é *meio*, e a sua *aplicação*, seja de fundamentos institucionais, fundamentos de áreas ou conteúdos técnicos, deve ser a medular finalidade.

Figura 14.2 | Perspectivas da taxonomia da aprendizagem ativa e experimental.

Em tempos de excesso de informações, boas e ruins, o discernimento passa a ser uma perspectiva essencial, tão primordial que defendo se tratar de uma *inteligência* a ser desenvolvida, e não apenas uma habilidade a ser expandida.

Discernimento tem sua origem no latim *discernere* (discernir, escolher, separar, dividir, decidir) e pode ser entendido como a capacidade lógica de desmembrar os elementos que compõem determinada perquirição, faculdade de deslindar entre o certo e o errado, separar o joio do trigo, identificar, diante de uma situação, o que é mais adequado, favorável, pertinente, qual deverá ser o caminho a ser seguido, o que deve ser feito, enfim, é a capacidade de avaliar cada situação, conteúdo, questão, com bom senso, clareza, tino e juízo. Em tempos de internet, inteligência artificial e abundância de informação, indubitavelmente se trata de uma substancial dimensão na taxonomia de aprendizagem ativa e experimental.

Análise (do grego ανάλυσις, *dissolução*), é o processo de dissecção, síntese, decomposição de uma informação, conteúdo, dado, tópico complexo, em diversos elementos, para estabelecer a compreensão e evidenciar as relações recíprocas. Entre outras coisas, o processo de análise pressupõe discernir aspectos centrais de uma proposição, verificar a sua validade e constatar possíveis incongruências lógicas. Embora a análise como conceito formal seja relativamente recente, a técnica foi utilizada por Aristóteles no estudo da lógica e da matemática na escola peripatética em 335 a.C. Pela miríade de possibilidades de escolhas que os indivíduos se deparam corriqueiramente, a análise passa a ser uma importante categoria para a compreensão e a escolha dos conteúdos, para a taxonomia da aprendizagem ativa e experimental.

A quarta categoria, *compreensão*, postula a concepção, a modificação, a elaboração e a síntese de um dado, conteúdo, informação. O indivíduo deverá ser capaz de utilizar uma referência original e analisá-la, reduzi-la, sintetizá-la, representá-la e explicá-la de outra forma, além de prever consequências resultantes da aplicação do conhecimento primigênio. O estudante somente irá aplicar o conteúdo estudado após angariar o arbítrio total desse conhecimento, e isso deverá ser verificado por intermédio da avaliação por domínio (*mastery learning*).

Aplicação (provém do latim *applicatĭo*) faz referência à ação e ao efeito de utilizar, empregar, executar, atribuir, praticar, realizar e empreender. Também engendra alusão à assiduidade, à dedicação e ao desvelo com que se executa algo. A aplicação dos conhecimentos discernidos é o objetivo principal da taxonomia da aprendizagem ativa e experimental e do desenvolvimento da inteligência volitiva, uma vez que um conhecimento não aposto é tão somente uma informação decorada, um melancólico processo que ocorre nas salas de aula, memorização mecânica de conteúdos, nada mais duradouro ou significativo que uma boa nota na próxima prova. Ao contrário, a aplicação coadjuva o estudante a enxergar as relações e a evolução da aprendizagem, auxilia a afiar os currículos de modo que a mera informação e a absorção de um conceito por vez possa evoluir para um verdadeiro domínio do tema. A aplicação restaura a participação ativa na aprendizagem, o entusiasmo, a empolgação que os currículos convencionais às vezes parece subjugar à força. O conhecimento aplicado significa conteúdo não esquecido, produto concebido, serviço realizado, problema solucionado, projeto efetivado e inteligência volitiva incrementada.

Avaliar (do latim *a+valere*) significa atribuir valor, mérito, amplitude ao propósito do tema em estudo. Ainda que a *avaliação* implique alguma espécie de aferição, é muito mais ampla que a mensuração e a qualificação, não se trata de um processo parcial nem linear. A avaliação deve ser encarada como reorientação para uma melhoria dos processos de ensino e de aprendizagem.

Por longo tempo, a avaliação foi utilizada como instrumento de classificação, ranqueamento e rotulação dos estudantes. Entretanto, na taxonomia da aprendizagem ativa e experimental, é vista como uma das mais importantes ferramentas para alcançar o objetivo curricular, encontrar caminhos para medir a efetividade do processo, oferecer alternativas para uma evolução mais segura.

No processo da aprendizagem ativa e experimental, a avaliação deve ser permanente, por domínio (*mastery learning*) – método concebido por Carleton Washburne, cujo termo foi cunhado por Benjamim Bloom, em 1971. Em sua acepção mais abreviada, a aprendizagem para o domínio sugere que os estudantes devam apreender, assimilar e compreender apropriadamente um dado conceito antes que se espere deles o entendimento de outro mais avançado. Se, por um lado, isso se configura como perceptível, axiomático e óbvio e reflete bom senso, por outro, a aprendizagem para o domínio tem uma história laboriosa, acidentada e controversa que invoca a atenção ao menos por dois motivos: primeiro, constitui exemplo de educação institucionalizada que malogra em seguir suas próprias diretrizes; segundo, devido ao progresso na tecnologia, finalmente é plausível – quase um século depois que as vantagens da aprendizagem para o domínio foram descritas e testadas – aplicar amplamente seus métodos e técnicas para escolas e alunos reais.

A avaliação por domínio mede a assimilação e a aplicabilidade dos conceitos e analisa dados relacionados à qualidade e ao impacto de todos os componentes do processo. Concentra-se nos resultados esperados, isto é, no desenvolvimento das competências planejadas, na aquisição de conteúdos e conceitos, no aperfeiçoamento de habilidades, nas atitudes que os estudantes devem dominar como decorrência de suas experiências no sistema de ensino por aprendizagem ativa e experimental.

O método de avaliação por domínio inclui: provas objetivas e dissertativas, *quizzes*, exames escritos e orais, observação do desempenho nas apresentações, avaliação dos pares e autoavaliação. A avaliação está centrada no aluno, alinhada com o resultado dos processos de ensino e de aprendizagem, utiliza múltiplos métodos e ferramentas, como *big data* e *adaptive learning*, para evidenciar o alcance da proficiência, e promove um ambiente de apoio e cooperação entre os pares.

A avaliação por domínio também é um julgamento da qualidade geral do sistema de ensino por competência, da eficácia dos materiais didáticos disponibilizados, da efetividade da aprendizagem ativa e experimental. As técnicas de coleta de dados incluem métodos de melhores práticas para avaliação do programa, como entrevistas para diagnóstico, pesquisa de satisfação dos *stakeholders*, autoavaliação dos discentes, docentes e gestores. Quando o *feedback* vai e volta e se efetiva em uma prática rotineira para alunos, ex-alunos, professores, gestores e outros interessados, torna-se a base para a tomada de decisão sobre os processos de ensino e de aprendizagem e sua melhoria contínua.

Em tempos de inteligência artificial, realidade virtual, realidade aumentada, tecnologia de comunicação digital e grafeno, somados ao definhamento das ocupações preditivas e rotineiras, ao início da época da instantaneidade, da Era da Experiência, ao fim do emprego vinculado e ao consequente advento da trabalhabilidade, ofertar a taxonomia de aprendizagem ativa e experimental não se refere tão somente a uma possibilidade, mas a uma necessidade, uma vez que a oferta de qualquer conteúdo não aplicado passa a ser um desperdício, quase uma irresponsabilidade para o projeto de vida dos estudantes que querem êxito profissional e realização pessoal.

O professor norte-americano especializado em aprendizagem experimental, David Kolb, assinalou que as pessoas têm diferentes maneiras de aprender, que dependem de como percebem a realidade, como a processam. Existem indivíduos que captam a realidade basicamente por meio de experiências, e outros que criam teorias. Os primeiros são mais empáticos, processam a informação experimentando; os segundos preferem se concentrar, refletir sobre o que observam. David Kolb divide a aprendizagem em três estilos:

1. **Adaptadores**: são indivíduos que decorrem da multiplicidade e da ação. Preferem trabalhar e estudar rodeados de pessoas, gostam de

assumir riscos e sabem se adaptar às circunstâncias. A pergunta-chave para eles é: *Por quê?*

2. **Divergentes**: são os reis das mil e uma ideias criativas, prezam analisar os problemas sem um conjunto de atividades fixas. São empáticos, emocionais e espirituosos. Não é de estranhar que lançam uma sucessão interminável de propostas diversas a todo momento. A pergunta-chave para eles é: *E se...? Por que não?*

3. **Convergentes**: contrários aos *divergentes*, necessitam da aplicação prática das ideias para testar teorias, assimilar e resolver problemas. Perdem-se com muitas alternativas. No entanto, são excepcionais em situações em que há um único caminho para resolução. Muitos engenheiros se enquadram nesse estilo de aprendizagem. A pergunta-chave para eles é: *Para quê?*

A despeito de Kolb dividir a aprendizagem em três estilos, certamente o mais comum é que não seja assim tão cartesiano e que grande parte das pessoas tenha um pouco de cada um. De qualquer forma, é possível que alguns estudantes possam se sentir mais confortáveis com um deles. Isso expressa que não é viável defender estilos únicos de metodologias de aprendizagem.

Desde que o método de aula expositiva foi consolidado pelos jesuítas na Idade Média, este vem sendo utilizado por praticamente todas as escolas do mundo. Mesmo com a crescente utilização de ferramentas de tecnologia educacional, a transmissão de conteúdo continua presente no cotidiano das escolas. Seguindo esse conceito, o professor entra na sala e expõe o conteúdo para os estudantes, que ouvem passivamente. No final do encontro, o docente passa a lição de casa. Na aula seguinte, após a correção das tarefas, o professor faz outra apresentação, e assim sucessivamente, até a conclusão do curso. Evidentemente que se trata de um modelo ultrapassado.

O psiquiatra norte-americano William Glasser aplicou a teoria da escolha para a educação, que assinala que "aprender é fazer escolhas norteadoras". Glasser explica que o docente não deve trabalhar apenas com a transmissão e a memorização porque os estudantes simplesmente esquecem os conceitos assim que deixam a sala de aula. Conforme a **Figura 14.3**, o psiquiatra sugere que a aprendizagem efetivamente aconteça aplicando, fazendo e ensinando.

A teoria de Glasser vem sendo amplamente divulgada, utilizada e aplicada. Não tenho convicção se os percentuais são probos, uma vez que a aprendizagem

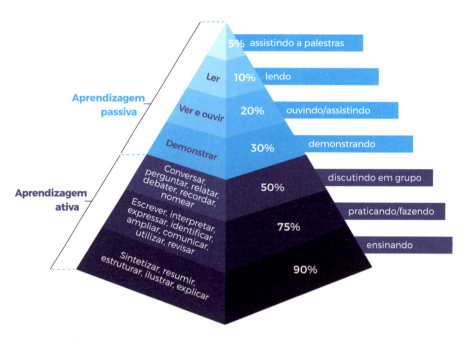

Figura 14.3 | Pirâmide de aprendizagem de William Glasser.
Fonte: baseada no estudo de William Glasser.

é customizada, depende do perfil de cada indivíduo, contudo, das muitas teorias de educação existentes, essa é uma das mais interessantes, pois demonstra que *ensinar é aprender!*

William Glasser salienta: "[...] a boa educação é aquela em que o docente pede aos discentes que apliquem, pensem, se dediquem a promover diálogos para promover a compreensão e o crescimento" (GLASSER, 2010, p. 238).

Surge com muita robustez nas escolas a denominada *aprendizagem ativa*, uma estratégia de ensino e de aprendizagem assentada na interação de estudos teóricos baseados na *web*. Os estudantes respondem virtualmente tarefas na pré-aula, e o professor verifica as respostas para ajustar o encontro presencial de acordo com as necessidades deles.

Para que as metodologias ativas funcionem, a sala de aula deverá ser o mundo digital e analógico, e não um cubículo isolado por quatro paredes. Surge, então, a sala de aula invertida (*Flipped classroom*), uma modalidade de *blended learning* que inverte a lógica do encontro presencial. A sala de aula invertida descreve uma inversão do ensino tradicional, na qual os estudantes ganham a primeira exposição dos novos materiais antes da aula, geralmente por meio de objetos de aprendizagem, como textos, vídeos, *sites* de *internet* e demais materiais didáticos, e cujo encontro presencial é utilizado para realizar atividades de aprendizagem práticas, desenvolvimento de produtos e subprodutos das competências, resolução de problemas, discussões, debates, construção de projetos, aplicando as denominadas metodologias ativas.

A sala de aula invertida foi concebida em 2007 pelos professores Aaron Sams e Jonathan Bergmann da Woodland Park High School, no Colorado, Estados Unidos, em resposta a uma conclusão de que o tempo de aula seria mais bem gasto orientando, colocando em prática as teorias, fornecendo *feedback*, em vez da simples transmissão de conteúdos em palestras. Bergmann e Sams argumentaram que a instrução direta poderia ser entregue registrando conteúdo de vídeo para que os estudantes se envolvessem com a teoria a qualquer momento, liberando o tempo presencial para atividades que permitissem uma exploração mais profunda do conteúdo, conforme demonstrado na **Figura 14.4**.

Figura 14.4 | Fluxo da sala de aula invertida.
Fonte: *Learning opportunities of the flipped classroom* (adaptada de Gerstein).

A sala de aula invertida cresceu em popularidade no ensino superior como um modelo potencial para aumentar o envolvimento dos alunos, aproveitar a tecnologia e proporcionar maiores oportunidades de aprendizagem ativa e experimental na sala de aula. A crescente acessibilidade, a sofisticação das tecnologias digitais, a inteligência artificial, a realidade virtual e a realidade aumentada abrem possibilidades crescentes para os alunos explorarem, compartilharem e criarem conteúdos, seguindo os recursos de:

- capturar conteúdos para que acessem por sua própria conveniência e se adaptem ao seu ritmo de aprendizagem;
- apresentar materiais de aprendizagem em uma variedade de formatos para se adequar a diferentes estilos de aprendizagem multimodal (textos, vídeos, áudios, multimídias);
- fornecer oportunidades para o discurso, a interação dentro e fora da aula, como aparelhos de votação, instrumentos de discussão, ferramentas de criação de conteúdo;
- fornecer *feedback* imediato para professores, alunos e demais educadores (questionários, pesquisas) para sinalizar pontos de revisão;
- capturar dados e informações dos estudantes para analisar seu progresso e identificar suas deficiências e dificuldades.

Tendo planejado as questões curriculares sobre o que e por que ensinar, faz-se necessário entender como esses jovens digitais aprendem; criar experiências de aprendizagem integradas que levem ao desenvolvimento das competências e das habilidades pessoais e interpessoais por meio do desenvolvimento do produto. Pesquisas educacionais comprovam que o aprendizado ativo e experimental ocorre quando os alunos estão envolvidos na manipulação, na aplicação e na avaliação de ideias e conceitos.

A abordagem da aprendizagem ativa e experimental visa a aperfeiçoar habilidades para estimular, modelar, solucionar problemas reais e/ou simulados, desenvolver projetos, melhorar serviços, com forte ênfase nos conteúdos técnicos e de fundamentos. Existem diversas outras oportunidades para integrar a aprendizagem ativa e experimental, como acoplar cooperação, liderança, resiliência, comunicação, trabalho em equipe, encorajar os estudantes ao *Just-in-Time Learning*, na pesquisa e busca de conteúdos, dados e informações, discutir aspectos éticos de um problema técnico.

O aprendizado ativo torna-se experimental quando os estudantes assumem papéis que simulam na prática o incremento de produtos reais, como, por exemplo, conceber projetos, solucionar problemas e analisar estudos de caso. A ênfase no implemento da aprendizagem ativa e experimental é um aspecto importante do compromisso de potencializar um conhecimento mais profundo dos fundamentos técnicos. O resultado desejado é uma compreensão do conceito, bem como da sua aplicação. Um formato de aprendizagem ativa e experimental com forte ênfase nos fundamentos institucionais e de áreas é perfeitamente compatível com a aprendizagem integrada.

A aprendizagem integrada destina-se a muitos dos desafios que as instituições de ensino superior, os docentes e os discentes enfrentam nas salas de aula contemporâneas. O perfil estudantil está cada vez mais diversificado. Existe um caleidoscópio de estudantes com um amplo espectro de origens, interesses, perspectivas, capacidades, estilos de aprendizagem, que compelem instrução individualizada, adaptada e motivacional e encorajamento para perseverar.

Um suporte consistente e amigável poderá fazer a diferença entre uma experiência bem-sucedida e um esforço infrutífero, entre a permanência e a evasão. As pesquisas educacionais nos tornaram mais conscientes sobre as diversidades de estilo de aprendizagem. Os ambientes de aprendizado ativo produzem melhores resultados, mas são mais difíceis de gerenciar do que abordagens passivas. Para enfrentar esses desafios, a estratégia da aprendizagem ativa e experimental persegue três objetivos primordiais:

1. Maximizar a eficácia da sessão na sala de aula, na qual os docentes estão fisicamente presentes.

2. Estruturar o tempo fora da sala de aula para o benefício máximo de aprendizagem.

3. Criar e sustentar o espírito de equipe. Discentes e docentes são parceiros em direção ao mesmo objetivo, para auxiliar os estudantes a adquirir o máximo de conhecimentos, competências e habilidades.

Embora a aprendizagem ativa faça uso intenso da *web*, não deve ser confundida com ensino a distância ou instrução assistida por computador. Os materiais da *web* adicionados funcionam como recursos pedagógicos e atuam como uma ferramenta de comunicação e, secundariamente, como provedores de conteúdo organizador para o desenvolvimento das competências nos encontros presenciais.

Existem muitas formas de estratégias de aprendizagem ativa, como trabalho em grupo, ensino entre pares, desenvolvimento de projetos, simulações, atividades *on-line* interativas, entre outras. Em conformidade com o educador norte-americano Edgar Dale, algumas questões que os educadores devem responder para o sucesso da aprendizagem ativa são:

- A tarefa tem propósito e relevância para os alunos?

- Os estudantes são capazes de refletir sobre o significado do que aprenderam?

- Os aprendizes podem negociar metas e métodos de aprendizagem com o professor?

- Os discentes podem avaliar criticamente diferentes formas e meios de aprender o conteúdo?

- A complexidade das tarefas de aprendizagem é comparável aos contextos profissionais e à vida real?

- As tarefas são orientadas para a circunstância, isto é, a necessidade da situação é levada em consideração para estabelecer as tarefas de aprendizado?

Estudos demonstram que o abarcamento em experimentações remete a uma aprendizagem mais eficiente. Em vez de apenas ouvir, ler, executar exercícios de rotina, nas atividades ativas os estudantes desenvolvem pensamentos superiores, praticando, investigando, debatendo, respeitando diferentes pontos de vista, enfatizando e promovendo os aspectos sociais. O conhecimento é aprendido de forma compartilhada, ativando a criatividade e o pensamento crítico.

Um dos problemas dos processos de ensino e de aprendizagem é a simples transmissão do conteúdo. Com frequência extraído de sumários de livros ou de anotações do próprio professor, proporcionando aos estudantes pouca motivação para assistir às aulas. O conteúdo é exposto em um monólogo diante de uma plateia passiva, sem dar para o estudante a oportunidade adequada para que reflita de forma crítica sobre os conceitos que estão sendo ministrados. O objetivo evasivo é transmitir conteúdos com aplicabilidade duvidosa no contexto real, fora do muro das escolas. A estratégia da aprendizagem ativa e experimental redefine os processos de ensino e de aprendizagem nos quais os conteúdos são apresentados de forma aplicada, ensinando os alunos a esfalfarem-se em situações novas do mundo concreto, logrando recursos para os desafios da vida real.

Os educadores tradicionais, com realce nas ciências sociais e humanas, defendem que a ênfase no desenvolvimento de competências e de habilidades prejudicam o ensino dos conteúdos. Acredito que esta seja uma falsa dicotomia. Com a simples transmissão, o conteúdo é memorizado, mas não compreendido; de curta duração, mas não realizável. O conhecimento é assimilado passivamente, sem aplicação, sem o desenvolvimento de competências e habilidades úteis, muitas vezes aprendido em um nível superficial, efêmero, momentâneo e passadiço. O resultado é a generalizada preocupação dos egressos de não ter as competências relevantes e necessárias para as ocupações contemporâneas.

A educação é plural, assim, existem múltiplas estratégias de aprendizagem ativa que podem ser utilizadas conforme o conteúdo, a habilidade e a competência a ser desenvolvida. Apenas alguns exemplos:

- *Peer Instruction:* método de ensino interativo, baseado em evidências, criado pelo professor Eric Mazur, da Harvard University. Trata-se de um sistema de aprendizagem no qual os alunos devem estudar um assunto antes do encontro presencial, respondendo a questões sobre o tema utilizando o método denominado *Just-in-Time Teaching*. O procedimento esboçado por Eric Mazur é o seguinte:

  - O instrutor apresenta questões baseadas nas respostas dos estudantes à leitura da pré-aula.
  - Os estudantes refletem sobre as questões.
  - Os estudantes se empenham para uma resposta individual.
  - O instrutor revisa as respostas dos alunos.
  - Os estudantes discutem suas ideias e respostas com seus pares.
  - Os estudantes então se empenham novamente para uma resposta individual.
  - Por último, novamente o instrutor revisa as respostas e decide se são necessárias mais explicações antes de passar para o conceito seguinte.

- *Think-Pair-Share:* um problema é proposto e é concedido tempo para o estudante refletir sobre um determinado tópico, permitindo que ele formule ideias individuais e compartilhe esses conceitos com um colega. Essa estratégia de aprendizagem promove a participação em sala de aula, incentivando um alto grau de resposta ao aluno, em vez de usar um método básico de recitação em que um professor propõe uma pergunta e um estudante oferece uma resposta. Além disso, essa estratégia oferece uma oportunidade para todos os alunos compartilharem seus pensamentos com pelo menos um colega, o que, por sua vez, aumenta o senso de envolvimento na aprendizagem em sala de aula. O professor poderá utilizar essa estratégia como ferramenta de avaliação, tirando dúvidas e aprimorando os conhecimentos dos alunos. Ajuda os estudantes a desenvolverem a compreensão conceitual de um tópico, a capacidade de filtrar informações, a capacidade de considerar e respeitar outros pontos de vista, bem como tirar conclusões.

- *Turn and Talk:* uma questão é proposta para a aula e os alunos simplesmente se dirigem ao colega mais próximo para discutir. Isso pode servir como uma maneira confortável para os estudantes compartilharem suas ideias com os outros e prepararem o cenário para compartilhá-las com o grupo maior. O aspecto importante dessa estratégia é que os pares compartilhem e que os indivíduos possam acessar seu conhecimento prévio sobre um tópico.

- *Polling:* os alunos votam anonimamente sobre o que eles percebem como a melhor explicação/resposta a uma pergunta, seguido de oportunidades para discutir suas ideias com os colegas. Depois, votam novamente levando a uma maior aprendizagem do assunto. É importante que os alunos discutam por que acham que sua explicação é a mais precisa e por que as outras explicações propostas não o são. Também é importante que o professor analise os resultados das pesquisas e escute o raciocínio dos alunos para determinar quais outras explicações e resumos podem ser feitos na palestra.

Existem muitas outras formas de metodologias ativas em uso, algumas ministradas por docentes sem meios ou oportunidades de compartilhamento com outras escolas.

Capítulo 15

Currículo por competências

A educação não é tão somente um processo de ensino e de aprendizagem, é o desenvolvimento do profissional, do cidadão para a empregabilidade e a trabalhabilidade. Não se trata meramente da preparação para a vida, é a própria vida.

Rui Fava

Para conceber, projetar, desenvolver e operacionalizar um sistema de ensino, bem como as ações de ensino e de aprendizagem voltadas para o desenvolvimento das aptidões necessárias para a empregabilidade e a trabalhabilidade, adotamos e compreendemos competência como o resultado da união potencializadora dos diferentes aspectos do conhecimento, ou seja, saber fazer, ser e conviver, aplicados ao contexto de realização, conforme consta na **Figura 15.1**. A educação ofertada ao longo da história tem dois sustentáculos: *apprenticeship* e *religião*. A primeira, denominada *aprendizagem por integração*, vem da tradição das corporações de ofícios, ou seja, as guildas de artífices qualificados que se uniam em associações, a fim de se proteger, demarcar território e negociar de forma mais eficiente. O sistema treinava as novas gerações de profissionais no local de trabalho, aprendiam praticando; no término, permitia que os praticantes obtivessem uma licença para participar da corporação e operar a profissão regulamentada.

Figura 15.1 | Conceito de competência.

A aprendizagem era efetiva, o aprendiz não esquecia o que era ensinado e sabia aplicar tudo o que assimilava.

Em uma metodologia de *inteligência integral*, constituída pelas inteligências cognitivas, emocional, decernere e volitiva, esta última é a que estimula, incita e empuxa as primeiras três. É um sistema que, devido ao advento da tecnologia, com ênfase na inteligência artificial, está de certa forma regressando. Isso significa que as escolas não podem mais ser ilhadas, desconectadas, isoladas, necessitam olhar para fora, fazer parcerias com o mercado e com a sociedade, para que os egressos saiam não somente com conteúdo memorizado e, consequentemente, celeremente esquecido, mas que saibam aplicar esse conhecimento na vida real.

Em relação ao segundo alicerce, a escola adotou das igrejas o estrado e o púlpito, no qual o professor, à semelhança do padre, transmite expositivamente as informações aos estudantes, que as recebem passivamente enfileirados em carteiras desajeitadas e incômodas. *Ensina-se o grupo e não o indivíduo*; a consequência disso são alunos que não compreendem o que está sendo ensinado e perdem o interesse. Não muito diferente de 50 ou mais anos atrás, quando, nas igrejas, os fiéis reprisavam, feitos ventríloquos, as orações em latim sem perceber, entender ou apreender o que estavam redizendo.

Em um mundo cada vez mais tecnológico, instantâneo e labiríntico, apesar de ser intensamente aplicado, o sistema religioso está falido, isso porque o desenvolvimento da inteligência volitiva galgou a ser uma necessidade de sobrevivência. O conteúdo aplicado passou a ser parte integrante de uma gama de conhecimentos, como criatividade, pensamento científico, raciocínio indutivo e dedutivo, empreendedorismo e pensamento de *design* matemático.

Os estudos apontam a necessidade de protótipos de indivíduos versáteis, com pensamentos divergentes, produtores de ideias, pró-ativos, flexíveis e originais. Portanto, os currículos devem priorizar a *inteligência cognitiva*, incentivando a reflexão, a ponderação, o raciocínio crítico, a argumentação e o pensar de forma intensa. A *inteligência emocional* está relacionada a conhecer e controlar as próprias emoções, ter capacidade de se colocar no lugar do outro, entendê-lo, tentar compreender como e porque se sente de tal maneira, não a partir de sua perspectiva, mas pensar como ele, com suas crenças e valores, entender que os sentimentos são possíveis na situação em que tal pessoa se encontra, mesmo que você, na mesma situação, tivesse outro tipo de atitude. *Inteligência volitiva* está relacionada à vontade de fazer, querer realizar, criar, transformar, aplicar, empreender e fazer acontecer. *Inteligência decernere* está relacionada a discernir o verdadeiro do falso, o real do irreal, os fatos da ficção, principalmente praticar o pensamento crítico. A faculdade crítica é um produto de educação e de treinamento. É um hábito e um poder mental. É uma condição do bem-estar, é a única garantia contra o engano, a superstição, o mau entendimento de nós mesmos e das circunstâncias que nos cercam.

Não é possível continuar com a velha sala de aula, com alunos enfileirados, ouvindo passivamente as explanações dos professores. A nova sala de aula é dinâmica, aberta, fluída, conforme consta na **Figura 15.2**. Os currículos estão sobrecarregados de conceitos, ocorrências, procedimentos, e, pelo fato de ser mais difícil e desafiante avaliar as habilidades de pensamento crítico, estas ficam ausentes na maioria dos processos de ensino e de aprendizagem nas escolas. Os estudantes aprendem a responder a perguntas e a fazer testes que incomumente são transferíveis além do sistema educacional e raramente utilizados no mundo real. O ensino deverá estar intimamente relacionado ao desenvolvimento de hábitos de mente reflexiva. O principal desafio é a transferência

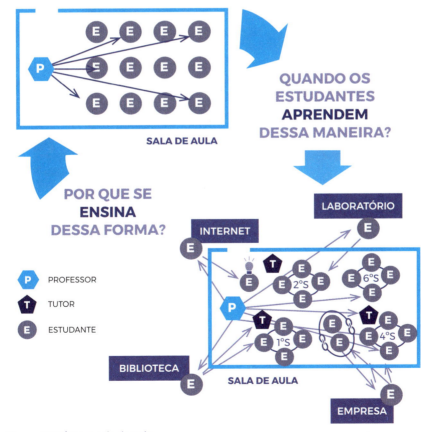

Figura 15.2 | Nova sala de aula.

bem-sucedida das competências, habilidades para contextos fora daqueles em que foram aprendidas. A isso denomino aprendizagem ou conhecimento aplicado, representando como o estudante utiliza o que aprendeu, como transfere o conhecimento adquirido para novos ambientes. É evidente que tais habilidades estão ligadas aos fundamentos, pois certamente é improvável desenvolver competências sem uma base de conhecimentos que são meios de amplificar as quatro inteligências: cognitiva, emocional, volitiva e decernere.

As matrizes baseadas em disciplinas cartesianas que pouco interagem umas com as outras não são mais suficientes para um mundo que requer profissionais diferentes. Os currículos por competências são mais efetivos, pois são flexíveis, adaptáveis, desenvolvem conceitos, procedimentos, atitudes, pensamento crítico e criatividade, tão necessários no mundo no qual as ocupações físicas, repetitivas e preditivas estão sendo realizadas por automação, robotização e máquinas munidas de inteligência artificial.

Para escolha e organização do currículo por competências, não necessariamente para o sequenciamento e a disponibilização da oferta, utilizamos o conceito do cilindro (**Figura 15.3**). O currículo do curso deverá ser desmembrado em dois ciclos. O primeiro será dedicado ao ensino de fundamentos, os quais serão segmentados em fundamentos básicos institucionais e fundamentos básicos de área.

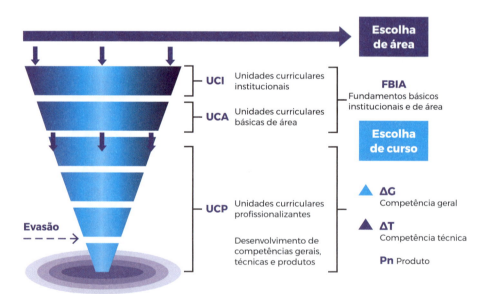

Figura 15.3 | Conceito do cilindro no currículo por competências.

Fundamentos básicos institucionais e fundamentos básicos de área

Os fundamentos básicos institucionais serão ofertados para todos os cursos de uma instituição, com o propósito de desenvolver o estudante integralmente por meio de raciocínio indutivo e dedutivo, fundamentos básicos de gestão e comportamento atitudinal.

Os fundamentos básicos de área têm o objetivo de aperfeiçoar as aptidões, as habilidades e os conteúdos necessários para o desenvolvimento das competências profissionalizantes dos cursos. Cada área terá a ênfase necessária:

- **Ciências exatas e engenharias:** raciocínio lógico e matemático.
- **Ciências da saúde:** ciências biológicas.
- **Ciências sociais e humanas:** raciocínio lógico e matemático e interpretação de textos.

Ciclo profissionalizante

O ciclo profissionalizante (**Figura 15.4**) desenvolverá as competências necessárias para a construção de produtos. Cada competência geral terá uma denominação, tornando-se uma unidade curricular, visto que o regulatório até nesse tempo de inteligência artificial exige que se crie uma matriz curricular com demarcado sequenciamento, entendendo que a educação é melhor se for uniformizada, o que é uma contradição com os arquétipos contemporâneos, em que só aqueles que se diferenciam é que amanham emprego.

O ponto fundamental é o de que não haverá *disciplinas*, tão somente o desenvolvimento de competências gerais e técnicas.

Como consta na **Figura 15.5**, as competências gerais deverão apresentar produtos reais ou simulados que tenham efetiva aplicabilidade no mundo externo à escola, ou seja, o estudante deverá realizar uma entrega, uma prática, um projeto, a resolução de um problema, a melhoria de um serviço. Ao desenvolver um produto (P) por meio das atividades de aprendizagem (AA), o aluno necessariamente, além da atividade de aula (A), deverá realizar uma entrega (E) – aprendizagem ativa e experimental – que é uma parte do subproduto (SP). Automaticamente, estarão sendo utilizadas metodologias ativas, pois tanto os conteúdos profissionalizantes (Cp) quanto os conteúdos de fun-

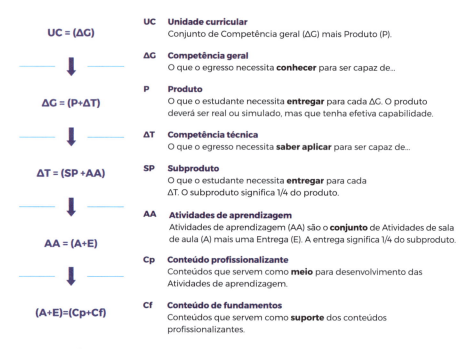

Figura 15.4 | Fluxo do ciclo profissionalizante.

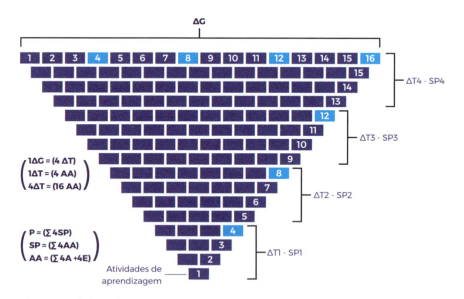

Figura 15.5 | Fluxo de competências gerais e técnicas.

damentos (Cf) deverão ser estudados antes da aula e avaliados semanalmente por meio da aprendizagem por domínio.

Ao aplicar os conhecimentos teóricos adquiridos no desenvolvimento de um produto, o estudante também estará realçando a inteligência volitiva e, por conseguinte, as inteligências decernere, cognitiva e emocional, bem como as habilidades de cooperação, ética, trabalho em equipe, liderança e resiliência.

Com o objetivo de granjear, amplificar e tonificar a *empregabilidade* e a *trabalhabilidade*, os produtos gerados pelas competências gerais deverão ser divididos em dois grupos: 60% experimentais e/ou simulados; 40% reais (**Figura 15.6**). Este último provindo de situações existentes obtidas com a participação da sociedade na medrança dos processos de ensino e de aprendizagem, diminuindo a defasagem dos currículos no ensino das competências necessárias para além dos muros da escola.

Não obstante, deve estar claro para os educadores que o contexto de aprendizagem é o conjunto de ambientes culturais e ambientais que contribuem para a compreensão em que as competências e habilidades são desenvolvidas. Conceber, implementar e operar produtos, serviços, processos e sistemas devem ser o contexto, mas não o conteúdo. À vista disso, estes fornecem o cenário natural para ensinar os conteúdos conceituais, procedimentais e atitudinais ao pré-profissional.

Figura 15.6 | Fluxo percentual de produtos reais e simulados.

BSC-Acadêmico

Para a escolha dos fundamentos institucionais e de área, competências gerais e técnicas, produto, subproduto, atividades de aprendizagem, conteúdos profissionalizantes e de fundamentos, adaptamos o método de gestão denominado *Balanced Scorecard* (BSC) – **Figura 15.7** – concebido pelos professores da Harvard Business School, Robert S. Kaplan e David Norton, bem-conceituado em meu livro *Educação 3.0: aplicando o PDCA nas instituições de ensino* (2015).

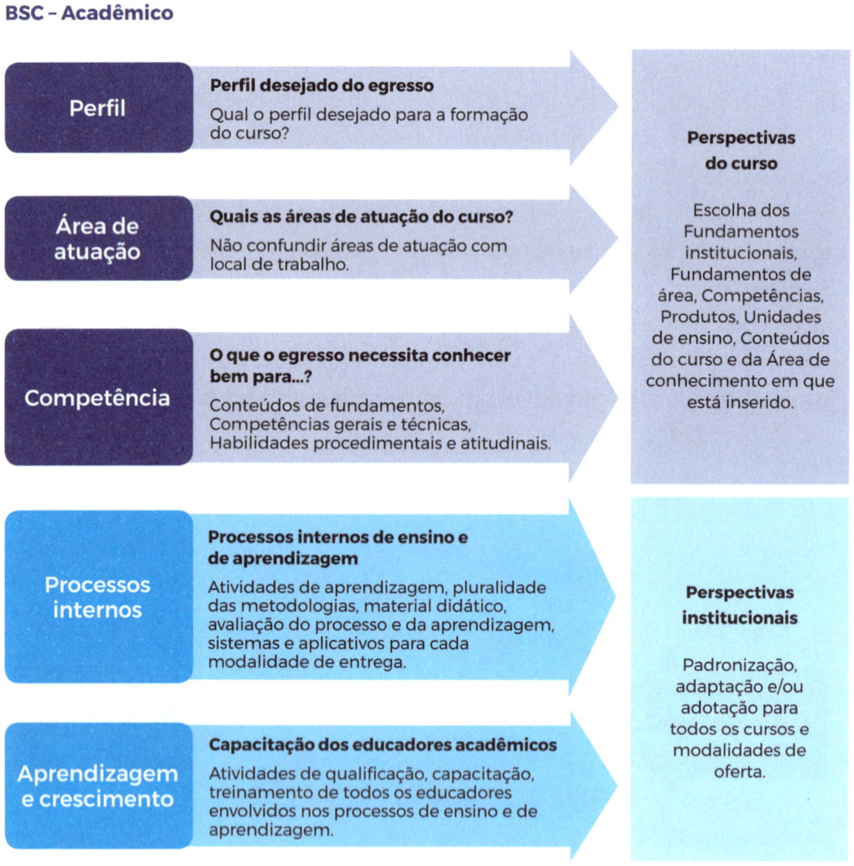

BSC – Acadêmico

Perfil
Perfil desejado do egresso
Qual o perfil desejado para a formação do curso?

Área de atuação
Quais as áreas de atuação do curso?
Não confundir áreas de atuação com local de trabalho.

Competência
O que o egresso necessita conhecer bem para...?
Conteúdos de fundamentos, Competências gerais e técnicas, Habilidades procedimentais e atitudinais.

Perspectivas do curso
Escolha dos Fundamentos institucionais, Fundamentos de área, Competências, Produtos, Unidades de ensino, Conteúdos do curso e da Área de conhecimento em que está inserido.

Processos internos
Processos internos de ensino e de aprendizagem
Atividades de aprendizagem, pluralidade das metodologias, material didático, avaliação do processo e da aprendizagem, sistemas e aplicativos para cada modalidade de entrega.

Aprendizagem e crescimento
Capacitação dos educadores acadêmicos
Atividades de qualificação, capacitação, treinamento de todos os educadores envolvidos nos processos de ensino e de aprendizagem.

Perspectivas institucionais
Padronização, adaptação e/ou adotação para todos os cursos e modalidades de oferta.

Figura 15.7 | Adaptação dos conceitos do BSC, de Robert Kaplan e David Norton.
Fonte: Fava (2015, p. 247).

Capítulo 16

Competências atitudinais na educação 3.0

As pessoas perfeitas não lutam, não mentem, não cometem erros e não existem.

Aristóteles
384-322 a.C.

A especialização, a profundidade em determinados temas e as competências gerais são essenciais para a aquisição e para a aplicação do conhecimento, bem como para o desempenho das ocupações que sobrarem das automações. Entretanto, não são suficientes para preparar os estudantes para desafios futuros, carreiras e envolvimento ativo em responsabilidades civis. Assim, as competências atitudinais são imperiosas para a formação do cidadão, dimanam de caráter, atitudes, comportamentos, personalidade, temperamento, valores, crenças, discernimento, habilidades sociais, emocionais, cognitivas e volitivas.

Os avanços da neuropsicologia, uma importante área da psicologia que estuda de modo aprofundado o funcionamento cerebral, os processos cognitivos superiores e as suas relações com o comportamento humano, demonstram que nosso cérebro é altamente flexível e modificável pelo aprendizado. Expressam, também, que muitos aspectos de caráter, de temperamento e de comportamento podem ser aprendidos e desenvolvidos em variados graus. Pela importância das competências atitudinais, estas deverão ser integrantes do quadro dos objetivos educacionais de nossas escolas.

Cooperação

Arqueólogos afirmam que 20 mil anos atrás muito provavelmente os *sapiens* eram mais inteligentes e tinham melhores habilidades na fabricação de ferramentas do que os humanos atuais. No entanto, apesar da sapiência e destreza superior, nossos ancestrais eram muito mais depauperados do que somos hoje. Nesses 20 mil anos, a humanidade comutou a caça aos gigantes mamutes com lanças de pedra pela exploração do sistema solar e pela concepção de máquinas inteligentes que substituem o trabalho extenuante. Isso foi possível não pela sagacidade das mãos ou de encéfalos maiores – afinal, está quase confirmado que nossos cérebros são menores – mas o fator crucial foi a capacidade dos humanos de conectar muitos indivíduos uns com os outros.

Individualmente, os humanos são muito mais fracos que os demais animais, mas coletivamente são imbatíveis, razão pela qual dominaram completamente o planeta. O *Homo sapiens* é a única espécie capaz de cooperar de forma flexível em grandes quantidades. Se não fosse essa capacidade de cooperação, provavelmente nossos astutos encéfalos e suas engenhosas mãos ainda estariam concebendo lanças para caçar animais gigantes e carregando pedras nas incontáveis pedreiras de nosso planeta.

A história fornece amplas evidências da importância da cooperação em larga escala. A vitória quase sempre foi daqueles que cooperaram melhor. A Batalha das Termópilas, que inspirou a história do filme *300*, dirigido por Zack Snyder, em 2006, é um excelente exemplo em que a colaboração quase derrotou o imenso exército Persa. Termópilas foi um dos múltiplos confrontos travados entre gregos e persas durante as denominadas Guerras Médicas. O número de persas era assustadoramente superior ao de soldados gregos. Historiógrafos relatam que os generais persas enviaram mensagens aos gregos para que se rendessem e entregassem as armas. A resposta teria sido: *venham buscá-las*. Um dos mensageiros persas, tentando amedrontar os gregos, teria dito que havia tantos arqueiros e lanceiros no exército persa que, assim que disparassem suas flechas e lanças, estas iriam *encobrir o sol*. A replicação espartana foi: *excelente, dessa forma combateremos à sombra*. A despeito da inferioridade, os gregos ofereceram uma dura resistência. A desigualdade numérica era compensada pela motivação e pela cooperação entre os soldados. No lado persa, os comandantes recorriam a chicotes para obrigar suas tropas desmotivadas a lutarem. À vista disso, inicialmente, os gregos repeliram todos os ataques dos persas.

A Revolução Russa de 1917 é outro exemplo no qual a cooperação de parcos sobrepõe a vontade de muitos. Pouco mais de 3 milhões da elite russa, formada por nobres, empresários e fâmulos, dominaram mais de 180 milhões de camponeses e operários. A aristocracia sabia como cooperar em defesa de seus interesses comuns, enquanto os milhões de camponeses não. Aliás, muitos dos esforços da nobreza concentravam-se em garantir que os milhões de campônios nunca se unissem e aprendessem a cooperar uns com os outros.

Para montar uma insurreição, os números nunca são suficientes. As revoluções geralmente são feitas por pequenas redes de agitadores, em vez de grandes massas. O sucesso de uma empreitada não está na quantidade de indivíduos que apoiam a ideia, mas no número de pessoas que são capazes de efetivamente cooperar pela causa. Esse é o motivo, por exemplo, de um time de futebol sem expressão, às vezes, sair vitorioso contra um time com muitas estrelas.

A cooperação sempre foi e hoje ainda é um tópico necessário para sobrevivência, evolução e perenidade. Tal constatação evidencia que, em um mundo de crescente complexidade, as melhores abordagens para resolver problemas multifacetados envolvem cooperação entre pessoas com diferentes habilidades, origens e perspectivas. Quando bem executada, a cooperação permite que um grupo tome melhores decisões do que qualquer indivíduo por conta própria, uma vez que permite a consideração de múltiplos pontos de vista.

A cooperação produz a criatividade que, por sua vez, propulsiona a inovação. Muitas oportunidades na escola surgem a partir de contribuições espontâneas de pessoas motivadas que auxiliam seus colegas em alguma atividade que estejam com dificuldade. Além disso, para que uma ideia se transforme em inovação, é necessário o trabalho de toda a equipe, orquestrado por gestores, diretores e docentes dispostos a ouvir sugestões e a defender bons projetos.

Infelizmente, os currículos e as metodologias escolares não dão a devida importância para o incentivo da cooperação nas atividades escolares. Entretanto, os diferentes pontos de vista, conhecimentos e experiências do mundo real operando em conjunto na resolução de um problema e na construção de um produto derivado de uma competência técnica são motores fundamentais para se detectarem oportunidades, combinar ideias, construir soluções e contribuir para uma aprendizagem muito mais robusta.

A *Fast Company*, revista mensal norte-americana que se concentra em tecnologia, negócios e *design*, apontou a Amazon como a empresa mais inovadora do mundo em 2017. A lista identifica as companhias que, por meio da cooperação de parceiros internos e externos, estão transmutando a forma como vivemos, trabalhamos, aprendemos, deslocamos, compramos, comemos e jogamos. A segunda foi a Google, pelo desenvolvimento da memória por meio da inteligência artificial. A terceira, a Uber, por acelerar a direção autônoma.

No Brasil, a Embraer foi considerada a companhia mais inovadora do ano de 2017. Fundada em 1969, como uma sociedade de economia mista vinculada ao então Ministério da Aeronáutica, seu primeiro presidente e fundador foi o notável, brilhante e inspirador amigo, o engenheiro aeronáutico brasileiro Ozires Silva, que havia liderado o desenvolvimento do avião Bandeirantes EMB-110, um avião turboélice, com capacidade de 15 a 21 passageiros, para uso civil ou militar.

O conceito de cooperação deveria ser tão forte nas escolas que poderia ultrapassar fronteiras, abrangendo parcerias com outras instituições de ensino, pesquisas, entidades empresariais e *startups*, proporcionando uma inovação mais aberta, contundente e eficaz.

Em um futuro próximo, não haverá a serialização. Os estudantes iniciantes estarão no mesmo ambiente dos veteranos, aprendendo conteúdos, discutindo mutuamente e cooperando na aprendizagem. A função dos professores será organizar esse ambiente para que a aprendizagem ocorra de forma estruturada e eficiente, estabelecendo acordos de grupo e responsabilidade por tarefas atribuídas conforme o nível dos estudantes, preparando o cenário e a sinergia dos esforços.

Ensinar respaldando-se na cooperação permite a criação de espaços em que as ideias podem ser compartilhadas, aprendidas e aplicadas. Os estudantes poderão adquirir a importante arte de redigir boas perguntas, abertas, provocativas, que facilitarão a expansão do conhecimento e auxiliarão na busca das melhores respostas e soluções. É possível praticar a essencial habilidade de negociação, flexibilidade, articulação de pontos de concordância e discordância e manutenção da capacidade de pensar com clareza sob pressão. Isso é válido não somente para as escolas, mas para qualquer empresa que queira ter sucesso e inextinguibilidade.

Os resultados da aprendizagem colaborativa aumentam a autoestima e promovem a inclusão da diversidade. As pessoas se tornam mais confiantes, mais positivas em relação à escola, à empresa, aos professores e aos gestores. A colaboração é sinergética com o desenvolvimento das competências, da criatividade, do pensamento crítico e da valorização das inteligências volitiva e decernere.

Resiliência

É fato que a inteligência artificial está progredindo em uma velocidade assustadora e poderá alterar completamente a sociedade como a conhecemos hoje. No momento, as ocupações humanas estão sendo substituídas de forma cadenciada, mas deverão ganhar celeridade em pouco tempo. Há alguns anos, circula na *web* uma frase atribuída a Albert Einstein: "Temo o dia em que a tecnologia irá superar nossa interação humana. O mundo terá uma geração de idiotas".

Não tenho certeza se Einstein realmente fez essa afirmação, pois é muito fácil atribuir motes a pessoas famosas com relevância na história da humanidade. O fato é que o truísmo sempre está acompanhado de fotos de jovens olhando fixamente para seus *smartphones*, alheios ao mundo à sua volta. Isso tenta nos fazer acreditar que máquinas começaram a substituir a interação humana.

O imbróglio é que essa interação não está apenas nos *smartphones*, mas também em ocupações que jamais pensaríamos que seriam substituídas por máquinas providas de inteligência artificial. Surgem nos estudantes os sentimentos de ansiedade, medo e aflição de que a tecnologia acabará com todas as suas possibilidades de trabalho. Esse temor já tem até um nome: *tecnofobia*.

Cada vez mais, as escolas deverão desenvolver em seus estudantes a *resiliência*, ou seja, a capacidade de superar as adversidades, transformando os momentos de fobias, dúvidas ou dificuldades em oportunidades para aprender, crescer, superar-se e amadurecer emocionalmente.

A história está repleta de pessoas que sofreram duramente, mas com resiliência superaram e se tornaram ícones mundiais. Nelson Mandela, mesmo após 27 anos preso em uma cela minúscula, privado de ter contato com a família por quase três décadas, quando libertado não aparentou ódio ou desejo de vingança, mas uma grande serenidade que foi transmitida por meio de seus discursos que atravessaram o mundo, sendo eleito o primeiro presidente negro da África do Sul, após cinco décadas de incansável combate contra o *apartheid*.

O consagrado físico e cosmólogo da contemporaneidade, Stephen Hawking, foi diagnosticado aos 21 anos com esclerose lateral amiotrófica, uma doença grave que gradativamente vai paralisando todos os músculos do corpo. Entretanto, Hawking não deixou que sua grave condição física afetasse o sucesso de sua carreira; muito pelo contrário, além de ter três filhos, um neto e inúmeros prêmios em reconhecimento aos seus estudos científicos, tornou-se uma lenda quando o assunto é física e cosmologia. Viveu mais de 50 anos após o diagnóstico, já não tendo quase nenhum controle sobre o seu próprio corpo no fim da vida, o que nunca o impediu de continuar a trabalhar e de prosseguir realizando feitos extraordinários até a sua recente morte.

Na sua forma mais básica, resiliência é exercitar a eutimia para que o estresse não esbravage, conseguindo treiná-la por meio de um conjunto de habilidades que permitem superar obstáculos. Muitas vezes, refere-se à capacidade de certos indivíduos de obter sucesso em circunstâncias em que outros não granjeariam. Paludo e Koller (2005, documento *on-line*) definem resiliência como: "Um processo dinâmico que abrange a adaptação positiva no contexto de adversidades significativas".

A designação *processo dinâmico* destaca o fato de que a resiliência é uma palavra utilizada para uma multiplicidade de fatores que influenciam o êxito, ou não, de uma pessoa diante da adversidade. A identificação da resiliência como uma qualidade positiva levou muitos educadores a incluir nos currículos escolares metodologias que possam desenvolver em seus alunos essa habilidade.

Ética

A ética na educação parte da literatura sobre desenvolvimento moral iniciada pelo psicólogo suíço Jean Piaget e pelo pedagogo John Dewey, expandida pelo psicólogo Lawrence Kohlberg e pela psicóloga feminista Carol Gilligan. A ideia é a de que os estudantes evoluam naturalmente por meio de estágios de raciocínio moral.

O 26º presidente norte-americano, Theodore Roosevelt, afirmava que: "Educar uma pessoa em mente e não na moral é educar uma ameaça para a sociedade" (ROOSEVELT, 2018, documento *on-line*).

No processo educacional, a escola não poderá desenvolver apenas competências técnicas científicas, ignorando o estudante em um contexto global. O desenvolvimento deverá ser integral: cognitivo, afetivo, discernitivo, volitivo e social. Assim, o aluno ampliará sua visão de mundo, criando as condições necessárias para compreender e viver em sociedade de forma adequada e coerente.

John Dewey propôs que: "A educação é o trabalho de fornecer as condições que permitirão que as funções psicológicas amadureçam da maneira mais livre e completa" (DEWEY, 1938, p. 260).

Ambientes educacionais que incentivam com êxito o desenvolvimento moral são aqueles que oferecem aos alunos oportunidades para a participação em grupo, tomada de decisões compartilhadas e assentimento de responsabilidade pelas consequências de suas ações. É momentoso assinalar que o conhecimento da ética não conduz necessariamente a uma atitude ética. O comportamento moral é altamente dependente do contexto, da circunstância e da conjuntura e, como tal, pode envolver aspectos como motivação, emoção, desejo, coragem, além de necessitar fortes exemplos a seguir.

Liderança

De todos os processos de negócios, aquele que mais importa hoje às instituições é o da criação de valor. De certa forma, esse processo inclui e sintetiza todos os outros. Nos últimos anos, surgiram muitas classificações de instituições de ensino, que correspondem, em grande parte, ao nível de satisfação dos estudantes. Basicamente, estamos perguntando aos alunos: *Quão boa é sua experiência?* Presume-se que eles saibam o que deveriam estar aprendendo ou se o ambiente de determinada faculdade é melhor que o de outra, na qual jamais estudaram. "Os alunos são nosso 23º ativo mais valioso. Qual o 22º?... Os clipes de papel" (ADAMS, [1990?], documento *on-line*). Piadinha de Dilbert, o famoso personagem de quadrinhos que ironiza o mundo corporativo, mas que define muito bem a forma como muitas instituições de ensino brasileiras tratam seus estudantes.

No paradigma atual, a escola é o centro dos processos e da estrutura do setor educacional. O conhecido escritor indiano Coimbatore Krishnarao Prahalad, ou C.K. Prahalad, salienta:

> Nós pensamos sempre o que a empresa pode fazer, e, assim, o valor é criado a partir da eficiência interna. No entanto, se forem observadas as descontinuidades – convergências de setores de atividade, novas tecnologias, conectividade universal – percebe-se que a empresa não está mais no centro. (HAMEL; PRAHALAD, 2016, p. 37).

Estratégias baseadas em paradigmas antigos, como a oferta de currículos ultrapassados, a busca apenas da eficiência financeira, administrativa e operacional, são os principais fatores que impedem as instituições de ensino de apresentar melhores resultados acadêmicos e ser o centro de transformação do país.

As escolas que fazem diferença não são aquelas que ficam esperando o mundo mudar para, então, pensarem em fazer algo, mas, sim, aquelas que estão ao mesmo tempo atentas às mutações externas e engajadas na metamorfose daquilo que é possível internamente. O certo é que, quando se toma consciência dos limites internos, isto é, aqueles saberes com os quais se tem controle de imediato, um conjunto de possibilidades de práticas se abre. Hoje, já não se gasta tempo discutindo o *porquê* de ofertar um ensino de qualidade, mas *como* fazê-lo. Ou seja, investe-se na relação de currículos por competências, métodos, estratégias, tecnologias, mídias e ferramentas de gestão da qualidade dos processos educacionais. Enfim, o alvo é determinar formas simples, objetivas e adequadas de garantir a qualidade associada às ações e aos resultados do processo de ensino e de aprendizagem.

O que importa é o engajamento com o futuro, o comprometimento com o aluno, o compromisso com o processo de ensino e de aprendizagem. A autodescoberta é uma viagem introspectiva e preciosa que fornece às instituições e aos líderes a energia e a coragem necessárias para o seu crescimento.

Vultuosas visões sem grandes líderes e excelente planejamento são irrelevantes. O planejamento não é um evento, é um processo contínuo de fortalecimento do que funciona e de abandono do que não funciona, de tomar decisões envolvendo riscos com o máximo conhecimento sobre seu efeito em potencial, de definir objetivos, elogiando o desempenho e os resultados por meio de *feedback* sistemático e de fazer contínuos ajustes à medida que as condições transmudam.

Não se pode confundir planejamento com a tomada de decisões futuras. As decisões só existem no presente, as metas é que agregam valor a uma visão de futuro. A questão imediata com a qual a instituição se depara não é o que fazer amanhã. A pergunta correta é: o que precisamos fazer hoje para alcançar os resultados de amanhã?

Nenhum plano pode ser considerado completo nem satisfatório até produzir soluções mensuráveis e incorporar mecanismos que permitam correções no meio do percurso com base em desfechos. Avaliar um planejamento como bom ou ruim antes de ser implementado é um erro que poderá levar qualquer instituição a ter graves dificuldades de continuidade.

Por outro lado, nenhum planejamento terá sucesso sem um líder que inspire as pessoas, que esteja sempre próximo do grupo, que procure valorizar as habilidades individuais, respeitando as suas limitações e auxiliando a superá-las. A verdadeira liderança não visa apenas ao corolário, mas se preocupa com o caminho pelo qual irá alcançar o objetivo. Por não se apresentar com uma postura centralizadora, tem a tendência de ser respeitado por seus liderados.

Existem aquelas pessoas que são líderes natas, essas têm a vocação! Têm iniciativa, capacidade de influência, aptidão de comunicação, estão à disposição para ajudar, não para fazer, mas para ensinar, orientar e estimular para que os outros façam sozinhos. Utilizam critérios justos em uma decisão, sempre estão focadas na solução do problema e não em apontar quem o causou. Não entram em disputas de poder, tampouco fazem pregações sorrateiras, ardilosas, finórias, recônditas para prejudicar seus pares ou para impedir a implementação de um projeto com o qual diverge.

Embora seja indiscutível a necessidade de instituições terem líderes efetivos, a noção de envolvimento na liderança, como ela pode ser ensinada, está atualmente em processo de mutação. Na visão tradicional, os líderes são concebidos como indivíduos *sui generis*, carismáticos, que trabalham isoladamente para inspirar seguidores a agir pelo bem da organização. Isso está em consonância com uma visão mecanicista, com organogramas verticalizados, nos quais os líderes são vistos como autoridades que maximizam o controle dos subordinados para que a organização atinja seus objetivos. Assim é o professor tradicional: um líder que entende ser único, em cima de um pedestal, com uma plateia enfileirada passivamente ouvindo seus ensinamentos.

A visão de que a liderança é reservada para indivíduos singulares é inexata, está em desacordo com os estudos que analisaram a importância da liderança tácita, na qual os líderes bem-sucedidos não se encaixam na descrição tradicional do indígete; em vez disso, podem ser tímidos, despretensiosos, com uma humildade sofisticada, mas ao mesmo tempo com uma enorme ambição não para eles, mas para a organização.

Essa transmutação na concepção de liderança de paladinos solitários para uma abordagem relacional, coletivista e não autoritária permite enfrentar com mais predicados as incertezas desse mundo complexo em que a tecnologia está transmutando a maneira do *modus vivendi* de toda a sociedade contemporânea. Este modelo relacional de liderança inclui dimensões de inclusão, de capacitação, de propósito, de ética, orientada a processos, uma liderança de verbo, não de substantivo.

Capítulo 17

Como será a educação superior na próxima década?

A semente morre para que a flor brote, a crisálida, para que irrompa a borboleta. Na verdade, a transformação não é instantânea, nem a metamorfose um processo agradável e sem sofrimento. A natureza exige esforço e resiliência como preço da evolução.

Rui Fava

Com o advento das modernas tecnologias digitais, os limites da concorrência, da diferenciação, da responsabilidade social e da criação de valor estão celeremente se desmanchando. Em substituição, está emergindo uma teia branca, destituída de regras de engajamento, de preceitos de fidelização, de fronteiras de delimitação entre consumidor e produtor, entre docente e discente, de explícitos vestígios de encorajamento a mostrar se estamos no caminho certo.

A força do trabalho tornou-se móvel, fisicamente desagregada, e a conectividade passou a ser virtual. A geração digital apreendeu que pode prosperar sozinha. Nesse imenso mundo de possibilidades, prefere investir em si própria a se vincular a uma organização, estudar de forma autônoma em vez de ingressar em escolas com modelos acadêmicos ultrapassados. Sem dúvida, haverá uma grande turbulência no sentido ao desconhecido. Estamos adentrando em um mundo em que devemos aprender a subsistir com a colaboração, a confiança e a ética, a coabitar com estranhos e desconhecidos condiscípulos, transmutando papéis e responsabilidades.

Os estudantes devem estar aptos a viver e a trabalhar como cidadãos globais; preparados para conceber, implementar e operacionalizar produtos e serviços de qualidade; desenvolver compreensão básica sobre os processos de negócios. No entanto, como realizar todo esse ensino e aprendizado? O que deverá permanecer do modelo tradicional e o que é preciso ser alterado?

À medida que ponderamos sobre os desafios do futuro, se faz mister aceitar que algumas coisas são constantes. Por exemplo, os alunos são impulsionados pela paixão, pela curiosidade, pelo engajamento, pelos sonhos. Também têm necessidade de desenvolver uma base sólida de fundamentos, de artes liberais, de capacidade analítica, de raciocínio indutivo e dedutivo.

Com o advento da revolução tecnológica, os líderes acadêmicos começaram a interpelar a necessidade de uma mudança nos atributos desejados para os profissionais do futuro. Para educar egressos capazes de conceber, implementar e operacionalizar produtos, serviços, processos e sistemas em um ambiente moderno baseado em equipe, é essencial o desenvolvimento de comportamentos como cooperação, resiliência, ética, liderança, além de serem tecnicamente especializados, socialmente responsáveis, ecologicamente conscientizados, inclinados à criatividade e à inovação.

Esses atributos são essenciais para alcançar produtividade, empreendedorismo e excelência em um ambiente cada vez mais baseado em sistemas tecnologicamente complexos que devem ser sustentáveis. É amplamente reconhecido que devemos fazer um melhor trabalho na preparação de estudantes para este futuro, e que somente será possível transmutando sistematicamente a educação tradicional.

Na *era do desconforto*, alteraremos a forma de vislumbrar o mundo, ficaremos obcecados com a resiliência, passaremos a ver as ameaças como sistemas e não como objetos. Disporemos de rupturas, inexoráveis transformações, premência e supremacia do inteiramente novo, desconhecido, inédito. Haverá rupturas negativas que produzirão graves crises sociais, econômicas e políticas. Contudo, brotarão descontinuações positivas que promoverão avanços científicos, tecnológicos, sociais, econômicos, educacionais e políticos. Ocorrerão incertezas, perplexidades, hesitação, desconforto, afinal, o mundo está se tornando cada vez mais móvel, volúvel e instável. Contudo, surgirão faúlhas, epifanias, descobertas e *upgrades* que proporcionarão meios de sermos mais hílares.

O que a transição nos trará decorrerá de nossas escolhas. Será um enorme desafio educar em um mundo que está metamorfoseando arquétipos, modelos mentais e paradigmas. Ensinar a aprender, sem se submeter à coação de qualquer modelo acadêmico, sem impor conceitos prefixados, proporcionar a liberdade de discernir, de escolher, de decidir o que aprender. É como preparar alguém para fazer uma extensa, rigorosa e árdua caminhada por pradarias desconhecidas e realizar isso com o máximo proveito, prazer e alegria.

Estamos no *olho do furacão* de uma transfiguração que nos levará a uma *disrupção singular*. Devido às tecnologias digitais e à inteligência artificial, os currículos passarão por uma metamorfose extraordinária, promovendo uma singularidade na educação.

Singularidade é um termo da física que designa fenômenos tão extremos que as equações não são mais capazes de descrevê-los. O conceito é bastante utilizado pelos futurologistas que acreditam que a tecnologia está promovendo mutações em grau inexprimível.

A ideia surgiu em 1950, com o matemático húngaro John von Neumann, que contribuiu com a mecânica quântica, a teoria dos jogos e a ciência da computação, e é considerado um dos maiores cientistas do século. Neumann disse: "As tecnologias poderiam chegar a um ponto além do qual os assuntos humanos, da forma como os conhecemos, não poderiam continuar a existir" (KENSKI, 2016, documento *on-line*).

Desde então, a evolução rápida de várias tecnologias é um dos argumentos de que a humanidade pode mesmo um dia chegar a esse momento da virada. Essa evolução parece estar acontecendo na educação.

O PDCA Acadêmico (**Figura 17.1**) é uma adaptação do PDCA proposto por Walter Andrew Shewhart:

- P (*Plan*), primeiro descreve "o que" e "por que" ensinar (competências, habilidades, conteúdos); segundo, trata-se da organização e sequenciamento no processo de ensino e de aprendizagem;

- D (*Do*) é a disponibilização ou "como" ensinar, quais as metodologias, os materiais didáticos, os objetos de aprendizagem;

- C (*Check*), distribuição, modalidade ofertada (presencial, EaD, híbrido);

- A (*Act*), avaliação de todos os processos, incluso o processo de ensino e de aprendizagem.

Desde a década de 1970, a educação básica tem sua oferta fundamentada nos denominados *sistemas de ensino*. Atualmente, mais de 80% das escolas privadas de ensino fundamental e médio os utilizam. Contudo, ainda não existe uma cultura sedimentada no ensino superior, uma vez que em tempo algum se concebeu a possibilidade de um professor universitário utilizar uma *apostila* desenvolvida por um docente autor.

Devido à prioridade do desenvolvimento das inteligências volitiva e decernere, bem como com o advento da tecnologia educacional munida de *big data* e de inteligência artificial, criar um sistema de ensino para a educação superior passou a ser uma necessidade. Isso é muito mais que *apostilamento*, trata-se da oferta de um conjunto de competências e produtos a serem de-

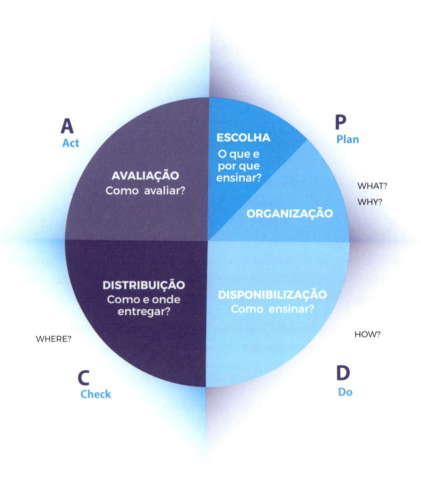

Figura 17.1 | PDCA-Acadêmico.
Fonte: Fava (2015).

senvolvidos por meio de um roteiro subsidiado pela gestão de ferramentas tecnológicas, bem como um vasto repertório de objetos de aprendizagem que não ferem a *liberdade de cátedra* do professor, mas ampliam seus recursos para aplicação dos conteúdos, avultando a relação ensino-aprendizagem.

Um bom *sistema de ensino* garante a qualidade na entrega dos serviços educacionais, elimina o paradigma de disciplinas estanques, acaba com o sequenciamento engessado, facilita a formação de turmas, oportuniza a redução em até 35% dos custos acadêmicos. Tal afirmação é factível, uma vez que permanecerão apenas dois tipos de docentes: os professores conteudistas (autores) e os professores JiTs (*Just-in-Time Teaching*). Dessa forma, ao contrário do que se pode imaginar, um *sistema de ensino*, habilmente formulado e adequadamente implementado, melhora expressivamente a aprendizagem com relevante atenuação dos gastos acadêmicos.

A maioria das instituições de ensino superior no Brasil não planeja os objetivos acadêmicos de seus cursos. É mais espontâneo, lúdico e jocoso discutir a *disponibilização* – ou, melhor, como transmitir conteúdo sem saber *onde* querem chegar. É como planejar o meio de transporte para uma viagem (carro, trem, avião), sem saber para onde deseja viajar. Caminham conforme o sabor do vento, isso é importante unicamente para os navegadores amadores, pois os velejadores profissionais tencionam muito bem suas ações.

PDCA-Acadêmico: planejamento

O *planejamento* é uma peça fundamental que tem seu preâmbulo com a formulação dos desígnios acadêmicos do curso, e estes estão ligados à missão, à visão, aos propósitos e aos valores da instituição. A elaboração dos objetivos tem seus pontos-chave, que se inicia com a análise tanto do ambiente interno quanto da conjuntura externa. O resultado prático de um planejamento acadêmico consentâneo é que este produz efeitos nas ações hodiernas, logo, pensar o planejamento envolve uma futurologia que deságua nas práticas atuais.

Não existirão cursos, matrizes curriculares com sequenciamento predefinido, disciplinas, receitas prontas. O mercado está solicitando profissionais que tenham mestria em análise, raciocínio crítico, empatia, proatividade, discernimento, preditividade, criatividade. Não faz mais sentido formar egressos tão somente com capacidade para atuar em situações conhecidas, para solucionar problemas com prescrições prévias. É essencial formar pessoas reflexivas, autônomas, volitivas e que saibam agir em situações complexas que não foram esmiuçadas no período de formação.

A oferta será híbrida (*blended learning*). O tempo será do estudante, ou seja, não haverá período mínimo nem máximo estipulado para receber certificação ou diploma. Conforme descrito na **Figura 17.2**, o estudante terá de cumprir três etapas distintas, mas não necessariamente sequenciais. A primeira será de fundamentos gerais, na qual desenvolverá o raciocínio indutivo, um silogismo que parte de uma premissa particular para atingir uma conclusão universal. Assim, pode-se afirmar que o raciocínio indutivo é um argumento no qual a conclusão tem uma abrangência maior que as premissas. Na prática, será ensinado interpretação de textos, raciocínio lógico matemático, aprender a aprender.

O raciocínio dedutivo é um método que se utiliza da inferência para obter uma conclusão a respeito de determinada afirmação; liga premissas com desfechos. Se todos os axiomas são verdadeiros, não ambíguos, então a ilação é necessariamente fidedigna. Na prática, será ensinado ao estudante fazer

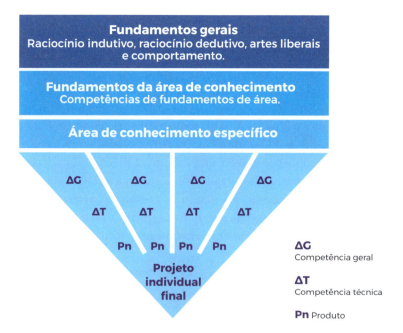

Figura 17.2 | Etapas de um sistema de ensino.

síntese, resumo, sumário, sinopse, resenha, ou seja, a descrição abreviada de um ou mais textos. Também serão ofertadas atividades para desenvolver comportamentos atitudinais, tudo isso muito similar ao que se ensinava na Paideia Grega do século V a.C.

Na segunda etapa, o aluno será aperfeiçoado nos fundamentos da área de conhecimento escolhida, ou seja, ciências da saúde, ciências sociais e humanas, licenciaturas, ciências exatas e computacionais e engenharias. Da mesma forma, os estudantes das mesmas áreas de conhecimento poderão estudar no mesmo espaço, seja físico ou virtual.

A terceira fase será marcada pelo desenvolvimento das competências de uma área de conhecimento. Cada área de conhecimento específica será subdividida em duas a quatro áreas de atuação. Os estudantes poderão escolher as competências gerais que desejam desenvolver, as quais serão fracionadas em competências técnicas, segmentadas em atividades de aprendizagem.

PDCA-Acadêmico: organização curricular

Conforme consta na **Figura 17.3**, a *organização curricular* evolui de acordo com a tecnologia e a consequente metamorfose no trabalho. Atualmente existem quatro modelos de sequenciamento:

1. **Currículo por disciplina (tradicional)**

    O mais utilizado no Brasil. As unidades curriculares são distribuídas em um sequenciamento vertical com pouca interação entre os conteúdos. Os estudantes aprendem apenas conceitos sem aprofundamento da sua aplicabilidade. As disciplinas são sequenciadas muito mais em conformidade com a conveniência da instituição do que em relação à aprendizagem dos alunos.

2. **Currículo por disciplina integrado**

    Organização conteudista, com ênfase em disciplinas curriculares nas quais são relacionadas competências e habilidades que cada unidade curricular deveria incrementar, todavia, não são explicitamente desenvolvidas e avaliadas.

3. **Currículo em PBL (*Problem-based learning*)**

    Utiliza-se de problemas como objeto organizador, integrando conceitos e conteúdos conforme a necessidade para a resolução do projeto. A precaução é que o currículo enfatize tão somente a área técnica, deixando a desejar na abordagem dos fundamentos. No Brasil, esse tipo de currículo é copiosamente utilizado em cursos de Medicina.

4. **Currículo por competência integrado**

Trata-se do modelo proposto, cuja estrutura promove a aprendizagem ao desenvolver o produto de cada competência. Permite sequenciamentos flexíveis sem preocupação com pré-requisitos, utilização de metodologias ativas experimentais no desenvolvimento de produtos, serviços, processos e sistemas.

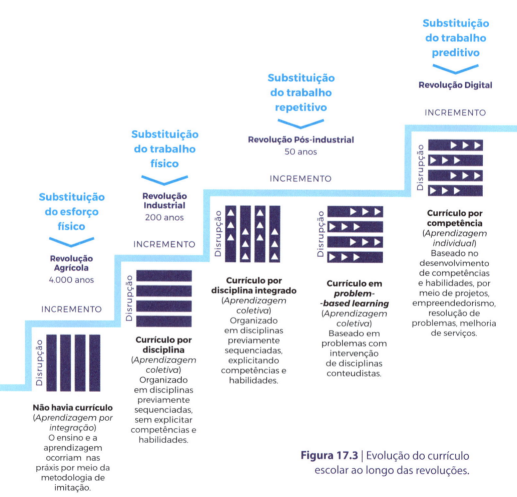

Figura 17.3 | Evolução do currículo escolar ao longo das revoluções.

PDCA-Acadêmico: avaliação

Seguindo o ciclo do PDCA-Acadêmico, a dimensão *avaliação* deverá responder às seguintes questões:

1. Como saber se os estudantes estão aprendendo?
2. Como saber se estão desenvolvendo as competências e habilidades propostas no currículo?
3. Como saber se o currículo por competência proposto é efetivo?

No modelo tradicional, a avaliação da aprendizagem mensura se o ensino está em conformidade com os objetivos e o calendário escolar, e não se há aprendizagem. Trata-se de avaliações classificatórias, de ranqueamento. Em muitos casos, docentes despidos de bom senso e/ou desconhecimento dos modernos paradigmas educacionais investem em meios de avaliação, como pegadinhas, que mais punem do que educam.

No modelo por competência, a aprendizagem é avaliada antes, durante e após a instrução em suas três variantes: avaliações diagnóstica, formativa e somativa. A modalidade diagnóstica consiste na sondagem, identificação, projeção, retrospecção do desenvolvimento cognitivo do estudante, e permite constatar as fraquezas e as causas das prováveis dificuldades de aprendizagem.

A modalidade formativa evidencia a docentes e alunos os resultados da aprendizagem no desenvolvimento de cada atividade. Observa cada instante vivenciado pelo aprendiz, seja na escola ou fora dela. Compreende os diversos caminhos de formação do estudante; serve de espelho para a prática pedagógica do professor; informa o estudante sobre o seu progresso; auxilia no monitoramento do ritmo de ensino; indica as áreas de instruções que podem ou devem ser alteradas; atina que cada pessoa tem seu próprio ritmo de aprendizagem e, assim, requer cargas de conteúdos diferentes entre si.

O professor deve utilizar a avaliação formativa para aperfeiçoar sua prática, diagnosticar as insuficiências das metodologias aplicadas, prover a recuperação integral das lacunas de aprendizagem dos estudantes com dificuldades. Carecerá, ainda, se encaixar como indivíduo avaliado, pois diante dos resultados alcançados, poderá concluir o quanto foi eficiente ou quão amplo foi o lapso no processo de ensino e de aprendizagem. No currículo por competência, a avaliação formativa é realizada conforme o conceito e os princípios da avaliação por domínio (*mastery learning*), na qual o aprendizado concentra-se em dominar um tema ou conteúdo antes de passar para outro mais avançado.

A avaliação somativa reúne evidências no final de cada projeto, período, ano letivo ou currículo. Os resultados indicam a extensão da aprendizagem dos alunos. Presta-se à comparação de resultados obtidos com diferentes estudantes, metodologias e materiais didáticos. Utilizada para melhoria do currículo, aperfeiçoamento dos métodos de ensino e de aprendizagem, *upgrade* do *design* dos materiais didáticos e modernização dos espaços acadêmicos.

No modelo tradicional, a avaliação é considerada separada do ensino. Muitos educadores acreditam que o período dedicado à avaliação rouba tempo do ensino, enquanto diversos estudantes observam o processo de avaliação com medo e intimidação. No currículo por competência, a avaliação é centrada no aluno, promovendo a cultura na qual discentes e docentes aprendem juntos.

O Quadro 17.1 indica as principais diferenças entre o currículo tradicional, no qual o processo de ensino e de avaliação estão separados, e o currículo por competência, cuja avaliação da aprendizagem está integrada ao processo de ensino e de aprendizagem.

Quadro 17.1 | Diferenças na avaliação do currículo tradicional e por competência

AVALIAÇÃO NO CURRÍCULO TRADICIONAL	AVALIAÇÃO NO CURRÍCULO POR COMPETÊNCIA
Utilizada para monitorar e classificar os estudantes.	Utilizada para diagnosticar e promover um melhor aprendizado.
Ênfase nas respostas corretas.	Ênfase no aluno, concepção de melhores perguntas e de aprendizagem com os erros.
O aprendizado desejado é avaliado indiretamente por meio do uso de testes com pontuação objetiva.	A aprendizagem desejada é avaliada diretamente por meio do desenvolvimento de competências, produtos, projetos, resolução de problemas, *performances*, etc.
Cultura da competição e do individualismo.	Cultura do suporte, da cooperação, da colaboração, da parceria entre pares e docentes.
Somente estudantes são vistos como aprendentes.	Docentes e discentes aprendem juntos.

No currículo por competência, o processo de avaliação da aprendizagem conta com quatro etapas:

1. Especificação dos resultados esperados de aprendizagem.
2. Alinhamento dos modelos de avaliação com os métodos de ensino.
3. Utilização de uma variedade de estratégias de avaliação para garantir a aprendizagem do aluno.
4. Uso do resultado da avaliação para melhoria do processo de ensino e de aprendizagem.

A avaliação concentra-se na obtenção de evidências de que os alunos adquiriram proficiência dos conteúdos estudados; desenvolveram as competências sugeridas; obtiveram as habilidades pessoais e interpessoais necessárias; lograram a mestria em concepção, elaboração, implementação de produtos, serviços, processos e sistemas de cada competência. Isso significa que a avaliação deve ter múltiplas formas para reunir provas da aprendizagem requerida.

O **Quadro 17.2**, concebido pelo especialista norte-americano Rich Stinggins e adaptado por Crawley et al. (2014), enfatiza a importância de selecionar métodos de avaliação apropriados para cada categoria relacionada ao aprendizado desejado.

A mudança da visão tradicional de avaliação para uma abordagem mais centrada no estudante é um grande desafio, uma vez que os docentes tendem a implementar os mesmos métodos de avaliação que foram utilizados em sua formação. Contudo, conceber, adaptar e adotar métodos de avaliação que suportem uma compreensão mais profunda dos conceitos, que consigam

Quadro 17.2 | Resultados esperados conforme o tipo de avaliação

Descrição	Questões escritas e orais	Avaliação de desempenho	Avaliação de projetos	Avaliação de portfólios	Autoavaliação
Entender conceitos	x				
Solução de problemas	x			x	
Síntese e criatividade		x	x	x	
Habilidades procedimentais		x	x	x	x
Atitudes			x	x	x

avaliar o real desenvolvimento das competências e das habilidades sugeridas, requer um sério compromisso de todos os *stakeholders* da escola.

PDCA-Acadêmico: disponibilização

Com relação à dimensão *disponibilização*, do ciclo do PDCA-Acadêmico, assim como a inteligência artificial está substituindo toda ocupação preditiva no mundo do trabalho, na educação a simples transmissão, repetição de conceitos produzidos por terceiros, também será comutada por máquinas inteligentes. O transtorno é que isso significa mais de 75% dos docentes que atuam em nossas escolas de ensino superior. Evidentemente que se altera a incumbência, todavia, o professor prosseguirá sendo o ator medular, indispensável e primordial.

O docente exercerá duas funções primordiais (**Figura 17.4**). A primeira, de professor conteudista, na qual deverá planejar, conceber, desenvolver, reunir materiais, selecionar e organizar informações. Esse material formará a base para a produção do material didático. A segunda, de professor aplicador dos conteúdos, sendo o que poderíamos denominar *Just-in-Time Teaching*

Figura 17.4 | Funções do professor na educação digital.

(JiTT), ou seja, o professor irá intervir no momento em que, por meio de tecnologias como *adaptive learning*, *quizzes*, avaliações diagnósticas, verificar a verdadeira deficiência, dificuldade, lacuna de aprendizagem que o estudante estiver demonstrando.

Just-in-Time Teaching (JiTT) trata-se de uma estratégia destinada a promover a utilização do tempo de aula para uma aprendizagem mais ativa. Os professores utilizam configurações de aprendizagem personalizada e assumem mais um papel de *coaching*, auxiliando, estimulando, incitando os estudantes de volta aos trilhos quando ficam presos, distraídos ou com dificuldades. O JiTT conta com um ciclo de *feedback* entre os materiais didáticos baseados na *web* e o encontro presencial. O professor tem acesso ao diagnóstico antes da aula, o que permite a ele criar um ambiente de sala de aula interativo, que enfatiza a aprendizagem ativa e experimental e a resolução de problemas cooperativos.

Não confundir com o *Just-in-Time Learning* (JiTL), no qual o estudante será orientado a aprender a buscar a informação no momento em que necessitar, no local adequado, sabendo discernir, escolher e decidir a melhor informação para a tomada de decisão. O JiTL refere-se ao desenvolvimento da inteligência decernere do estudante; concerne ao ensino, o momento adequado para o professor intervir, agir, realizar a devida orientação, relaciona-se com a serventia da inteligência volitiva.

Toda vez que surgem mutações simultâneas de diferentes fatores – climáticos, geográficos, culturais, políticos, energéticos, tecnológicos –, temos um claro divisor de águas entre o antes e o depois. A humanidade arrosta um salto de um *quantum* para frente, enfrenta a sublevação social e uma reestruturação profunda e criativa, concebendo uma nova plataforma com novos paradigmas, diferentes arquétipos, outros cenários, novos processos, novas metodologias, nova economia, novos perfis, novas ocupações, hodiernas profissões. Se a reconhecermos claramente, estaremos empenhados na construção de uma notável sociedade culturalmente mais sadia e, quem sabe, mais ética, humana, aprazível, promovendo uma mudança de época.

Conforme se observa na Figura 17.3, as revoluções são constituídas por plataformas. Durante o período em que se está em uma delas, o que se trabalha é com incrementos, melhorias, assim a educação poderá apenas aperfeiçoar os seus processos de ensino e de aprendizagem. Entretanto, ao passar de uma plataforma para outra, melhorias não são suficientes. É preciso se adequar, implementar renovados arquétipos, novas formas, contemporâneos paradigmas. Os conceitos anteriores não são mais válidos, perde-se a referência do passado, é preciso criar tudo novamente. Esse início de caminhada traz dúvidas, angústias, fobias, resistências, pois percorremos um terreno desconhecido, vislumbramos múltiplos caminhos, mas não temos certeza de qual o melhor, o correto, o mais adequado.

Os docentes JiTTs passam a ensinar concepções do futuro e não conceitos do passado. Tornam-se especiais, pois não têm a referência de conhecimentos técnicos do pretérito e, por outro lado, não têm certeza de quais os parâmetros do póstero. Precisam criar um renovado, inédito, disruptivo cenário, caminhar por um proscênio singular, desconhecido, inusitado, porém deslumbrante.

O professor transmissor de conteúdos, aquele que simplesmente repete, transmite o que outro literato, historiógrafo, escritor, docente vaticinou, augurou, auspiciou, conceituou, irá rapidamente desaparecer, pois isso os avatares, os robôs movidos por inteligência artificial, saberão transmitir com muito mais propriedade. O próprio produtor poderá fazer a divulgação de seus conceitos por meio de livros, *e-books*, vídeos, realidade aumentada, realidade virtual, isto é, sem a necessidade de intermediários, atravessadores, *papagaios repetidores*.

Restará aos docentes duas funções: a de produção de conteúdos e a de orientação. O primeiro irá conceber, projetar, desenvolver, selecionar, escolher, organizar os conteúdos. O segundo terá a incumbência de nortear, estimular, direcionar, aplicar, replicar, empregar, executar os conceitos no tempo correto, no momento em que o estudante necessitar. É o docente JiTT, a ênfase estará nas inteligências volitiva e decernere que irão fomentar o desenvolvimento das inteligências emocional e cognitiva.

Ao realçar as inteligências volitiva e decernere, não estou menosprezando as demais inteligências. Longe disso, estou destacando apenas para enfatizar, pois com a eclosão e a frenética aceleração da inteligência artificial, os quocientes volitivo e decernere ganharam relevância extra, uma vez que não eram tão significativos antes do advento das máquinas inteligentes. Cada vez mais a atitude de agir, aplicar e discernir será primordial, adverso do contexto atual em que se outorga mais exaltação na predisposição preditiva e analítica (QI) e capacidade de empatia, resiliência e controle de suas próprias emoções (QE).

A conclusão de todo esse contexto futuro é a de que essa maneira de ensinar não é para todos os tipos de professores. Para tanto, faz-se mister ter uma mente inovadora e adaptativa e assumir riscos, afinal, os estudantes é que definem aquilo que se aprende. A maioria dos docentes prefere transmitir conteúdos, não consegue apenas aplicar, criar, seduzir. Dessa forma, é factível prever que mais de *dois terços* das ocupações dos professores irão desaparecer, restando somente os orientadores, executores, aplicadores, que cognominei de professores JiTTs, e os docentes produtores de conteúdos não preditivos.

Não tenho dúvidas de que essa constatação provocará o surgimento de muitos "Ned Ludd contemporâneos", personagem que liderou o epitetado *ludismo,* movimento social ocorrido na Inglaterra entre os anos de 1811 e 1812, contrário aos avanços tecnológicos ocorridos na Revolução Industrial. Entretanto, como nos ensina o Prêmio Nobel da Paz de 1993, Nelson Rolihlahla Mandela: "Quando a água começa a ferver é uma estupidez tentar desligar o calor" (MANDELA, 2018, documento *on-line*).

PDCA-Acadêmico: distribuição

Na dimensão *distribuição*, do ciclo do PDCA-Acadêmico, haverá uma disrupção, ou o que poderíamos denominar de uma *destruição criativa*, conceito popularizado pelo economista austríaco Joseph Alois Schumpeter, em seu livro *Capitalismo, socialismo e democracia* (1942), que ganhou força no contexto com a ascendência do neoliberalismo e agora volta com mais robustez nas escolas com a ascensão da inteligência artificial.

Hoje em dia, presenciamos a maior disrupção da história da educação, e a mentalidade habitual dessas transmutações tão radicais costuma ser a de defender que o anterior era melhor. Assinala o maior filósofo prussiano do século XIX, Friedrich Wilhelm Nietzsche: "[...] logo que, numa inovação, nos mostram alguma coisa de antigo, ficamos sossegados" (NIETZSCHE, 2018, documento *on-line*).

Acontece que os programas cartesianos em forma de disciplinas já não fazem sentido porque, em um curso de cinco anos, os conteúdos ficam obsoletos antes do término, significando que estamos graduando egressos com conhecimentos defasados, ou seja, seu diploma não tem valor algum, seria melhor não o ter.

Ensina-nos o grande professor austríaco Peter Ferdinand Drucker: "Nada pior do que fazer bem feito o que não é para ser feito" (DRUCKER, 2018, documento *on-line*). A educação brasileira é altamente normatizada. Tal fato faz as escolas não inovarem, esperarem que os órgãos regulatórios indiquem o caminho a seguir. De um lado, faz os acadêmicos se acomodarem, não evoluírem, não inovarem. De outro, a educação fica estagnada, deixando o país na contramão do mundo desenvolvido. Faz-se mister que as instituições brasileiras olhem para dentro, buscando a inovação, independentemente se os órgãos reguladores facilitam ou não, e olhem para fora, para sentir o que a sociedade espera de seus egressos.

Não se trata de somente adquirir informações e aprender algo específico, é preciso que as instituições de ensino superior ofereçam uma experiência que altere a mentalidade e que transforme as pessoas. Ensinou-se da mesma maneira durante os últimos 300 anos e, como os educadores atuais cresceram nesse sistema, acham normal. Hoje, não tem mais acepção. É preciso apresentar ferramentas que ajudem as pessoas a angariar uma vida gratificante que as preencha como ser humano, parafraseando o poeta curitibano Paulo Leminski: "Só faz sentido, se tiver sentido. Se não tiver sentido, não faz sentido".

Os currículos são muito controlados porque o Ministério da Educação deseja um modelo padrão e acredita que os exames regulatórios são uma boa forma de fazer isso. Depois de avaliados, a curva de aprendizagem não importa, os egressos podem exercer suas ocupações. A ideia regulatória de aprender muito conteúdo, apenas para o caso de necessitar, é absurda. Provavelmente, seja interessante substituir o conceito de apenas ensinar pela concepção de aprendizagem e permitir que se aprenda em tempo real, conforme a necessidade. Dessa forma, o verdadeiro propósito das escolas deva ser gerar curiosidade, indivíduos com fome de aprender, mostrar ao aluno que uma única pessoa pode impactar positivamente todo o planeta. Que esse dom não está reservado a indivíduos especiais. Assim, a aspiração do aluno não deve ser a de ser contratado por uma excelente empresa, ou seja, não é preciso ensinar como conseguir um emprego, mas como criá-lo.

Muitas faculdades e grupos educacionais irão fracassar, não porque não desejam inovar, mas em razão de seus gestores estarem deslumbrados com *slogans* e desempenho no modelo atual de educação, não proporcionando a devida importância aos arquétipos disruptivos que resolveram ignorar e combater. Como em muitos dos esforços desafiadores da vida, existe um grande valor em atracar-se com *o jeito que o mundo trabalha*, em tão somente administrar os esforços de inovações incrementais nas formas que acomodam tais forças.

Mais por necessidade do que por DNA, o Brasil é uma das nações mais empreendedoras do mundo, contudo não é inovadora. Um país que não pensa, tão somente procura. Faz do *benchmarking* uma obsessão, não como motivação para inovar, mas para copiar, esquecendo que a cópia é como comida requentada, pode ser gostosa, mas não é original. Ao se abalroar com a tecnologia, as escolas tradicionais não sabem como utilizá-la, tornando-se uma peça de *marketing* e não de eficiência operacional, de melhoria da aprendizagem. Querem fazer uma educação assistida por tecnologia e não baseada em tecnologia.

A bagagem e o conhecimento tradicional não são mais suficientes para o sucesso do futuro. O legado nos trouxe ao que somos hoje, mas não garante que continuemos evoluindo para frente. É por esse motivo que as *startups* são as principais concorrentes das escolas tradicionais. Tais empresas pensam e agem diferente, inovam na experiência, criam novas soluções, entendem e focam no estudante. Afinal, quando não se compreende o consumidor, perde-se o mercado.

A maioria das escolas contemporâneas segue a forma organizacional militar, com um líder e os demais trabalhando para manter o *status quo*. O aluno, em muitas situações, é considerado inimigo. O modelo novo requer a lógica da sustentabilidade: ou percebe o consumidor ou não existe. O cliente é amigo. Pensa-se em inovação para resolver problemas das pessoas, desenvolvem-se currículos ouvindo a sociedade e o mercado. O desafio é evoluir de forma paralela ao perfil do estudante, criar um propósito com intuito de impactar a sociedade; ser original, diferenciado, inovador, disruptivo; ser seguido e não seguidor; parar de vender serviços e transacionar emoções, sonhos realizáveis, como a empregabilidade e a trabalhabilidade.

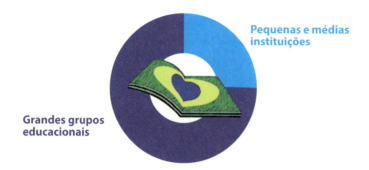

Grandes grupos educacionais
- Competição por qualidade
- Alta rentabilidade
- Melhoria por incremento
- Objetivo de inclusão e capacitação
- Adoção do ensino híbrido para o crescimento orgânico
- Currículo tradicional com tendência de migração para currículo por competência
- Empregabilidade
- Indivíduo generalista/especialista
- Sala tradicional
- Financiamento próprio para alongamento de prazos

Pequenas e médias instituições
- Competição por qualidade
- Média e baixa rentabilidade
- Melhoria por disrupção e inovação
- Objetivo de qualificação
- Adoção do ensino híbrido para implementação de metodologias ativas
- Currículo por competência
- Empregabilidade e trabalhabilidade
- Indivíduo versátil
- Sala de aula invertida
- Financiamento terceirizado para alongamento de prazos

Figura 17.5 | Distribuição da educação superior no Brasil.

Conforme demonstrado na **Figura 17.5**, o mercado brasileiro de educação está claramente dividido em dois perfis de companhias: o primeiro são as escolas de nicho, as quais sobreviverão pela oferta de uma educação disruptiva, com a aplicação de metodologias ativas na sua essência, que buscam a qualificação de seus egressos, com uma rentabilidade aceitável para sobreviverem e inovarem. Terão em torno de 25% de *market share*.

Conforme a **Tabela 17.1**, das 2.368 instituições de ensino superior, 1.336, ou seja, 56,4% são IES com até 1.000 alunos. Se somarmos as 546 com até 3.000 alunos, serão 79,5%. Essas IES, desde que não façam parte dos grandes grupos educacionais, sobreviverão somente se inovarem, romperem com o passado, contemporanealizarem seus currículos. Se tentarem competir com uma educação tradicional, de *commodity*, sem escala, a perenidade ficará seriamente comprometida.

O segundo serão os grandes grupos educacionais, que deverão aglutinar em torno de 75% dos mais de 8 milhões de vagas ofertadas. O objetivo é a quantidade de alunos matriculados, com uma qualidade plausível para competir e que não afete a rentabilidade prometida para o mercado de capitais. São companhias que buscam a diferenciação dos produtos e serviços presta-

Tabela 17.1 | Números do ensino superior no Brasil

INSTITUIÇÕES DE ENSINO SUPERIOR (IES)		
Instituições privadas	2.070	87,5%
Instituições públicas	298	12,5%
Total IES	**2.368**	**100%**
IES POR TOTAL DE ALUNOS		
IES até 1.000 alunos	1.336	56,4%
De 1.001 a 3.000 alunos	546	23,1%
De 3.001 a 5.000 alunos	172	7,3%
De 5.001 a 10.000 alunos	156	6,6%
De 10.001 a 30.000 alunos	124	5,2%
Acima de 30.000 alunos	34	1,4%
Total IES	**2.368**	**100%**
NÚMERO DE CURSOS POR MODALIDADE		
Bacharelado	18.609	56,6%
Licenciaturas	7.856	23,9%
Cursos Técnicos	6.413	19,5%
Total IES	**32.878**	**100%**

Fonte: Deep/Inep/Censo Ed. Superior 2014.

dos pelo incremento e não pela disrupção. Apesar do discurso de inovação, ofertam uma educação tradicional muito mais de inclusão do que de qualificação. São empresas que podem e devem trabalhar com currículos por competência e que, no curto e médio prazo, apesar de ser um desejo, não irão adotar metodologias ativas e as denominadas salas de aula invertidas. Estão investindo na modalidade híbrida (*blended learning*), todavia muito mais para obter um crescimento orgânico, avolumar a quantidade, manter e ampliar a rentabilidade. Não tenho um olhar vilipendioso por esse modelo de estratégia, uma vez que, para muitos jovens, é a única forma de granjear o ensino superior. Não obstante, muito possivelmente trata-se de uma estratégia com prazo de validade sob pena de interferir na inextinguibilidade da companhia.

A inferência, por parte das escolas estabelecidas, é a de que investir agressivamente em tecnologias de ruptura não é uma decisão financeira racional. De um lado, porque as tecnologias de disrupção normalmente são comercializadas: primeiro, em mercados emergentes, ou, erroneamente, considerados irrelevantes; segundo, uma vez que as grandes escolas e os grupos vêm obtendo alta lucratividade, não querem (na verdade, não podem) propor serviços ofertados por tecnologias de ruptura, sob pena de perder ganho de escala; terceiro, a sensação que se tem é a de que, para os políticos e gestores brasileiros, o Brasil está imune às disrupções causadas pelo avanço das tecnologias, com ênfase na inteligência artificial.

Embora a solução para a inovação disruptiva não possa ser encontrada em um *kit* de ferramentas padrão da boa gestão, existem, de fato, formas sensíveis de lidar efetivamente com esse desafio. Cada companhia, em cada área, trabalha sob determinadas forças – leis de natureza organizacional – que agem poderosamente para definir o que a empresa pode ou não fazer. Diante de tecnologias de ruptura, alguns gestores enfraquecem suas instituições pela resistência de mutação de uma cultura estabelecida, por meio de decisões e ações que impedem a organização de evoluir.

De modo geral, uma tecnologia disruptiva é inicialmente adotada por *startups* e instituições menores com lucratividade inferior. Certamente, esse padrão deverá se repetir com a mutação do modelo educacional, devido ao advento de tecnologias como *big data*, inteligência artificial, realidade aumentada e realidade virtual. Quando as grandes escolas e grupos educacionais acordarem, poderá ser tarde.

Existem muitos exemplos de companhias líderes que desapareceram. Um exemplo é a Eastman Kodak Company, multinacional fundada em 1888, que declarou falência em 2012, devido à queda desenfreada nas vendas de seus produtos, causada pela ascensão da fotografia digital e por se recusar a adotar as tecnologias digitais disruptivas que estavam emergindo. Um parque industrial digno de filmes pós-apocalípticos, este é o cenário apresentado no melancólico minidocumentário *After the Kodak Moment*, de Colin Archdeacon e John Woo, que mostra o *Eastman Business Park*, onde um dia funcionou a gigante e líder mundial na produção de filmes fotográficos e outras parafernálias relacionadas à fotografia e à filmagem. No local onde a Kodak operou no auge de sua *performance*, fabrica-se hoje quase todo tipo de produtos, de embalagens a molho de tomate.

É certo que as escolas e os grupos educacionais tradicionais têm dificuldades extras na transmutação de uma cultura milenar de um sistema de ensino conteudista, além de um corporativismo docente difícil de ser quebrado. Por hipótese, a melhor alternativa seja continuar com as operações tradicionais e, paralelamente, desenvolver o ensino híbrido, totalmente desvinculado, utilizando todas as oportunidades que as novas tecnologias poderão proporcionar.

É muito difícil para uma instituição ou grupo educacional, na qual a estrutura do custo está talhada para competir em mercados de escala, angariar a mesma lucratividade também em mercados emergentes, como é o caso do ensino híbrido baseado em competências. Criar uma organização independente, com uma estrutura de custo afiada para atingir lucratividade nas margens menores, característica da maioria das tecnologias de ruptura, é uma alternativa viável para que as escolas e os grupos estabelecidos aproveitem esse arquétipo.

Outra possibilidade é transmutar o processo tradicional de ensino e de aprendizagem de forma mais paulatina. Thomas Henry Huxley, biólogo britânico conhecido como *O Buldogue de Darwin*, por ser ferrenho defensor da teoria da evolução das espécies, nos ensina: "O degrau de uma escada não serve simplesmente para que alguém permaneça em cima dele, destina-se a sustentar o pé de um homem pelo tempo suficiente para que ele coloque o outro um pouco mais alto" (HUXLEY, 2018, documento *on-line*).

Não é exequível subir uma escada de 10 níveis apenas com um passo. Faz-se necessário marinhar um degrau de cada vez. Entretanto, o que determinará o sucesso dessa estratégia será a velocidade da passada para cada soleira, uma vez que a resistência do corporativismo docente e de gestores que defendem ideologias pseudossocialistas não condizentes com o processo de evolução, adequação, inovação, primordial, imprescindível e inevitável é copiosamente robusta, corpulenta e sólida.

Não obstante, é imperativo, axiomático e crucial que as escolas e os grupos educacionais com modelos tradicionais não se recusem a se adaptar, flexibilizar e adotar essas hodiernas metodologias e disruptivas tecnologias. A tecnologia tem o poder de fazer a educação ser muito mais portátil, flexível e pessoal, de incentivar a iniciativa, a responsabilidade individual, de restaurar a empolgação, de se considerar o processo de aprendizagem uma caça ao tesouro e pode tornar a educação muito mais acessível, de modo que o conhecimento seja distribuído de maneira mais ampla e igualitária.

Epílogo

Não vá pelo caminho que já existe. Vá por onde não há caminho e deixe seu rastro.

Muriel Lieberman Strode
1875-1930

Novas tecnologias expandiram as indústrias por milênios. No entanto, o advento do tear, do maquinismo a vapor e do computador, que provocaram a substituição do labor físico por máquinas mecanizadas e do trabalho repetitivo por computadores, não despojou permanentemente o ofício do homem. Hoje, com a revolução tecnológica, todo trabalho preditivo está sendo empalmado do ser humano, abreviando gradativamente o vínculo empregatício e deixando poucas possibilidades para o homem.

A diferença das revoluções anteriores está no ritmo no qual as tecnologias digitais estão crescendo no poder. A duplicação acumulada da famosa e certeira Lei de Moore, o amplo desenvolvimento ainda por vir, somado ao incremento da inteligência artificial, nos trará um mundo onde a automação e a robotização cada vez mais baratas permitirão soluções acessíveis para problemas previamente incompatíveis, fazendo a ficção científica se tornar realidade, concernindo que o exponencial progresso tecnológico poderá nos conduzir a azos, ensejos e contextos surpreendentes.

Essa imagem emergente evoca o conceito de *singularidade*, termo coadunado para descrever uma fronteira além da qual nada pode ser conhecido. Consoante o escritor norte-americano Kevin Kelly, existem duas versões na cultura *pop*: uma singularidade intrépida, audaz e arrojada, e outra suave, aprazível e auspiciosa. A versão impetuosa pleiteia um futuro açulado pelo triunfo de uma superinteligência. A aptidão da inteligência artificial, que é capaz de tornar uma inteligência mais sapiente do que ela própria, na teoria, poderá conceber gerações de IAs cada vez mais oniscientes. Com efeito, a IA teria um incremento em cascata de aceleração infinita, para que cada geração mais astuciosa seja completada mais celeremente do que a geração anterior, até que superem os seres humanos.

No cenário da singularidade suave, a inteligência artificial não ficará tão sagaz a ponto de poder subjugar os seres humanos. Haverá convergência e convivência de máquinas inteligentes com humanos, que, juntos, se moverão para uma interdependência heteróclita e salutar. Essa fase já começou. Estamos marchando inexoravelmente para conectar os seres humanos com todas as máquinas inteligentes em uma matriz global. Nesse nível, muitos fenômenos ocorrerão em escalas superiores do que vivenciamos hoje e maiores do que poderemos perceber. Esse é um talante da singularidade. É uma nova regência em que as criações nos converterão em humanos melhores, mas também em um mundo onde não conseguiremos viver sem o que concebemos.

Os produtos e os serviços que nos cercarão nos próximos 30 anos serão inteiramente imprevisíveis, mas a direção desse processo vibrante em larga escala é clara e inconfundível. Entretanto, o alto desenvolvimento da tecnologia somente beneficiará verdadeiramente a humanidade se houver uma educação adequada e eficiente, de condão indiscutível.

É irrefutável que todos os grupos educacionais, escolas e docentes têm a responsabilidade de fazer o melhor possível no *design* da educação. As evidências são claras e demonstram que o modelo educacional atual não é suficiente para acompanhar os benefícios da tecnologia. Certamente, as metas e as avaliações educacionais expandidas para o progresso social são mais difíceis de medir do que conteúdos memorizados frutos da educação tradicional. Entretanto, o currículo não pode e não deve ser determinado pela dificuldade de medir seus resultados. É preciso evitar o efeito do holofote, buscando respostas onde esperamos e possamos observá-las com antecedência. Existe uma necessidade real de buscar objetivos adequados, sintetizados na disrupção de uma educação que precisamos e não em um aumento incremental da educação que temos.

Estamos constantemente andando por caminhos incertos. Os tomadores de decisão devem agir muitas vezes sem a indubitabilidade que desejam. O mundo real raramente opera na infalibilidade. Não intervir para transmutar o sistema educacional hodierno somente perpetuará os problemas existentes, e nosso país se distanciará cada vez mais das nações desenvolvidas, nos tornando verdadeiros cortiços em comparação com o *modus vivendi* dos países avançados.

Os sistemas atuais não estão alcançando o ambicioso objetivo de preparar os estudantes para o sucesso no futuro, quando as ocupações serão muito diferentes das existentes. As lacunas entre o que os alunos necessitam e o que estão recebendo são quase uma irresponsabilidade de nossas escolas, que, por motivos de resistência ou medo de enfrentar o desconforto do futuro, tentam fazer apenas incrementos, maquiagens, com uma pseudoutilização de tecnologias e metodologias denominadas ativas.

O britânico Conrad Wolfram, especialista em tecnologia e suas aplicações, apresenta duas distintas formas de inovação: a evidência liderada pela inovação, quando primeiro é concebida e só depois testada a sua validade, e a inovação regulada por evidências, quando os produtos anteriores servem para o *design* dos novos produtos. Wolfram acredita que o primeiro é mais produtivo, mesmo que a validade tenha de ser verificada posteriormente.

Quando alguém constrói algo novo, não é apenas uma questão de reunir formalmente comprovações do passado de forma previsível. É necessário um salto, novas perspectivas, olhar por outros ângulos. Muitas vezes, isso vem de longos episódios de observações, experiências, interações, estudos, pesquisas, *flashes* de percepção e preditividade para o que possa acontecer no futuro.

É dessa forma que há alguns anos venho estudando, pesquisando e concebendo um modelo acadêmico mais coerente com o mundo tecnológico que estamos vivenciando. O modelo por competência suprime o milenar sequenciamento de conteúdos baseados em disciplinas cartesianas e passa a encadear os conteúdos de acordo com as competências a serem desenvolvidas. Também proporciona flexibilidade para o estudante nas escolhas das competências nas quais deseja se especializar. Esse conceito está contextualizado em meu livro *Educação para o século 21* (2016).

É cada vez mais notório que as escolas e os grupos educacionais que adotaram esses novos arquétipos de aprendizagem e de práticas curriculares fazem uma grande diferença positiva na vida dos estudantes. Iniciativas privadas, como a escola internacional norte-americana Avenues, a escola Eleva, que tem como um dos investidores o empresário Jorge Paulo Lemann, e a escola Lumiar, da Fundação Ralston-Semler, concebida pelo empresário brasileiro com reconhecimento internacional por suas atividades nas áreas de negócios e sociais Ricardo Semler, estão chegando para revolucionar a educação básica, abrir horizontes para uma educação voltada para o futuro, não engessada como a que temos hoje, com modelos ineficazes, improfícuos e ultrapassados. Muitos investidores estão atentos e apoiando essas iniciativas para que as escolas se atualizem, valorizem seus profissionais, cresçam e cheguem para todos, afinal, a educação permite o pensar com clareza, propicia ter conhecimento para discutir, criticar e buscar novas soluções, amplia horizontes e promove o crescimento da nação.

Podemos fazer o mesmo no ensino superior. Para tanto, é preciso haver vontade, sintetizar e aprender com todos os erros e acertos, utilizar as novas ferramentas tecnológicas, promover um currículo realmente diferenciado, baseado em competências. Esse é o lado bom. O lado ruim é que, nesse momento, existem muitos sonhadores, mas pouquíssimas instituições ou grupos dispostos a sair do conforto e enfrentar o desafio da inovação disruptiva.

Em essência, todos devem estar envolvidos coletivamente em um grande processo de metaprendizagem para esses tempos de automação, robotização e inteligência artificial. É preciso reexaminar os objetivos e as estratégias do processo de ensino e de aprendizagem, monitorar os currículos, que devem ser flexíveis o suficiente para serem atualizados constantemente, refletir sobre os progressos e os contratempos, aprendendo continuamente com novas experiências à medida que a educação é redesenhada para os novos tempos.

Estamos vivenciando o mundo da instantaneidade, nada é ininterrupto e permanente. Pensando nisso, divido com vocês uma história que um amigo me contou.

> Trata-se de um templo que ele visitou em uma viagem ao Japão. Um templo que existe há 1.300 anos, todo feito em madeira, que a cada 20 anos é destruído. No seu lugar, um novo, igualzinho ao anterior, é construído. Assim, o templo permanece ao longo dos séculos, sem envelhecer, apesar de ser feito de madeira perecível.
>
> Quis saber mais. Meu amigo emprestou um folheto com fotos do Grande Templo de Ise, dedicado à deusa Amaterasu. Fica às margens do rio Isuzu, em um vale cercado por montanhas cheias de árvores, de onde é tirada a madeira para a reconstrução periódica. Os objetos sacros são removidos do velho para o novo templo em um ritual solene. Os paramentos sagrados e tesouros são refeitos no mesmo estilo dos anteriores. A madeira usada na construção é cortada nas montanhas e transportada até o templo através do rio, durante um festival que representa o renascimento ou a renovação de Amaterasu.

Ou seja, a alma, a ideia e o espírito são mantidos. A matéria é renovada. Nada fica estático, nada é conservado, o que significa controlar o fulcral. O externo não depende da gente; depende das circunstâncias, das intempéries, dos outros. Mas o de dentro só depende de nós mesmos. E não precisa de controle, precisa de equilíbrio.

Muitas das nossas angústias resultam do esforço que fazemos no confronto para que a matéria, os arquétipos, os modelos mentais e a erudição permaneçam indefinidamente, em vão: a vida é efêmera. Não obstante, insistimos em querer manter e conservar, permanecendo ligados àquele amor platônico que esmaeceu, ao corpo estético de quando era mais jovem. Guardamos aquela roupa surrada que jamais será vestida; arquivamos documentos sem necessidade. Temos dificuldade em jogar fora utensílios e equipamentos ultrapassados. Nossas gavetas estão cheias de nugacidades que sempre adiamos para expurgar, acreditando que vamos preservar o tempo pretérito, do qual, na verdade, nada resta. Mas, se não praticarmos o desapego, jogarmos fora; se não nos separarmos, querendo acondicionar o tempo, podemos transpor a vida agarrados, sem capacidade de usufruir o novo. Vivendo de reminiscências, vai-se morrendo um pouco a cada dia.

Em contrapartida, nos abstemos de cultivar relações do presente, que são descartadas no meio da confusão. Aquele amigo, aqueloutro gesto, afago ou benquerença que têm um valor capaz de sobreviver ao longo do tempo. É um exercício saber diferenciar o que é permanente do transiente. Aprender a separar-se para poder ligar-se novamente. A desaprender para aprender mais uma vez. Destruir, para construir. A alma, o espírito, o sopro vital, pode ser eternamente jovem, duradoura, perdurável e infindável.

Quiçá a deusa Amaterasu possa iluminar todos os pais, líderes e educadores para que não pensem em nenhum desafio maior, uma jornada mais incitadora, perspicaz e emocionante do que redesenhar o modelo educacional brasileiro, promovendo um ensino e uma aprendizagem que realmente preparem todos os jovens para o porvir de seus sonhos, para capacitá-los na construção de um futuro melhor, para que seja possível transformar o Brasil em um país mais honesto, ético e vanguardista por meio de uma educação diferenciada e responsável. Minha expectativa é a de que todos os verdadeiros educadores se unam nessa difícil aventura de preparar nossos estudantes para conviver com uma tecnologia que irá metamorfosear o *modus vivendi* e, consequentemente, a educação.

Agradeço por ter a paciência de, concordando ou não com meus conceitos, ler e refletir sobre o que temos de fazer para responder à primordial, indispensável, inevitável e irrevogável perquirição: Como preparar os jovens para ter sucesso no século XXI, no qual o trabalho físico, repetitivo, preditivo e rotineiro será cada vez mais automatizado?

Referências

ADAMS, S. *Dilbert*. [1990?]. Disponível em: <http://dilbert.com/>. Acesso em: 26 fev. 2018.

ALCANTARA, T. *Os robôs podem substituir os humanos?* c2018. Disponível em: <https://noticias.r7.com/tecnologia-e-ciencia/os-robos-podem-substituir-os-seres-humanos-no-futuro-20112017>. Acesso em: 31 ago. 2017.

ALVAREZ, L. O cérebro na sala de aula. *Revista Educação*. 2015. Disponível em: <http://www.revistaeducacao.com.br/o-cerebro-na-sala-de-aula/>. Acesso em: 26 fev. 2018.

ANJOS, A. O futuro retrô de Villemard. *Obvious*. 2013. Disponível em: <http://lounge.obviousmag.org/anna_anjos/2013/11/o-futuro-retro-de-villemard.html>. Acesso em: 26 fev. 2018.

ARISTÓTELES. Ética a *Nicômaco*. São Paulo: Martin Claret, 2005.

BRASIL. Ministério da Educação. Instituto Nacional de Estudos e Pesquisas Educacionais Anísio Teixeira. *Inep divulga Indicadores de Qualidade da Educação Superior 2015*. Brasília: Ministério da Educação, 2017. Disponível em: <http://portal.inep.gov.br/artigo/-/asset_publisher/B4AQV9zFY7Bv/content/inep-divulga-indicadores-de-qualidade-da-educacao-superior-20-1/21206>. Acesso em: 20 fev. 2018.

BRASIL. Ministério da Educação. Instituto Nacional de Estudos e Pesquisas Educacionais Anísio Teixeira. Sinopses Estatísticas do ENADE – 2014. Brasília: Ministério da Educação, 2014. Disponível em: <http://portal.inep.gov.br/web/guest/sinopses-estatisticas-do-enade>. Acesso em: 20 fev. 2018.

CANALTECH. *Empresas estão contratando roteiristas para dar vida à assistentes virtuais*, 2016. Disponível em: <https://canaltech.com.br/curiosidades/empresas-estao-contratando-roteiristas-para-dar-vida-a-assistentes-virtuais-62057/>. Acesso em: 28 fev. 2018.

CHOI, E. *Investigating an intervention system to increase user engagements on an educational social*, Conference Paper, jun. 2017. Disponível em: <https://dl.acm.org/citation.cfm?id=3084325>. Acesso em: 20 fev. 2017.

CRAWLEY E. F. et al. *Rethinking engineering education:* the CDIO Aprroach. Basel: Springer, 2014.

DEWEY, J. *Experience and education.* New York: Kappa Delta Pi Lecture, 1938.

DONNE, J. *Meditações*: extraídas das "Devoções para ocasiões emergentes e os distintos estágios de minha enfermidade". São Paulo: Landmark, 2012.

DRUCKER, P. *Frases.* c2018. Disponível em: <https://www.pensador.com/drucker/>. Acesso em: 3 jul. 2014.

ELA. Direção: Spike Jonze. Produção: Megan Ellison; Spike Jonze; Vincent Laday. Intérpretes: Joaquin Phoenix; Amy Adams; Rooney Mara; Olivia Wilde; Scarlett Johansson. New York: Warner Bros Entertainment, 2013. 1 DVD (126 min), son., color.

EU, robô. Direção: Alex Provas. Produção: John Davis; Will Smith; James Lassiter. Intérpretes: Will Smith; Bridget Moyanahan; James Cromwell, Bruce Greenwood e Alan Tudyk. Los Angeles: 20th Century Fox Film Corporation, 2004. 1 DVD (114 min), son., color.

FAVA, R. *Educação 3.0*: aplicando o PDCA nas instituições de ensino. São Paulo: Saraiva, 2015.

FAVA, R. *Educação 3.0*: como educar estudantes com culturas tão diferentes? 2.ed. Cuiabá: Carline e Caniato, 2012.

FAVA, R. *Educação para o século 21*: a era do indivíduo digital. São Paulo: Saraiva, 2016.

FAVA, R. *O estrategista*: decisão em administração. Cuiabá: Edunic, 2002.

FONTOURA, J. Como é a educação na Finlândia? *Educação*, 2017. Disponível em: <http://www.revistaeducacao.com.br/como-e-educacao-na-finlandia/>. Acesso em: 3 jul. 2017.

FORD, M. *The rise of the robots:* technology and the threat of mass unemployment. London: Oneworld Publications, 2015.

GARDNER, Howard. *Inteligências m*últiplas: a teoria na prática. Porto Alegre: Artes Médicas, 1995.

GLASSER, W. *Choice Theory:* a new psychology of personal freedom. New York: Harper Collins, 2010.

HAMEL, G.; PRAHALAD, C. K. *Competing for the future*. Cambridge: Harvard Business Scholl, 2016.

HUXLEY, T. *Pensamentos*. c2018. Disponível em: <https://www.pensador.com/frase/OTEz/>. Acesso em: 3 jul. 2014.

JOTTA CLUB. *Angela Merkel diz que professores recebem os maiores salários na Alemanha*. c2017. Disponível em: <http://jottaclub.com/2017/06/angela-merkel-diz-que-professores-recebem-os-maiores-salarios-na-alemanha/>. Acesso em: 3 jul. 2017.

KENSKI, R. Singularidade: o futuro enlouqueceu?, *Super Interessante*, 2016. Disponível em: <https://super.abril.com.br/ciencia/singularidade/>. Acesso em: 3 jul. 2017.

KLUG, M. *Negócios em realidade virtual*. c2017. Disponível em: <https://imersiovr.wordpress.com/2017/07/28/qual-e-a-diferenca-entre-realidade-virtual-e-realidade-aumentada/>. Acesso em: 28 jul. 2017.

KURZWEIL, R. *The singularity is near:* when humans transcend biology. London: Duckworth Overlook, 2008.

LESTER, T. *Da Vinci's ghost: the untold story of the World's most famous drawing*. London: People Books, 2011.

LIVERMORE, J.; SMITTEN, R. *How to trade in stocks*. Ranway-New Jersey: Quinn & Boden Company, 2006.

LOCKE, J. *An essay concerning humane understanding*. London: Thomas Basset, 2012.

MANDELA, N. *Frases*. c2018. Disponível em: <https://kdfrases.com/frase/150316>. Acesso em: 3 jul. 2017.

MARTON, F. *As invenções de Heron de Alexandria*: e como poderiam ter revolucionado a antiguidade. c2018. Disponível em: <http://origin.guiadoestudante.abril.com.br/aventuras-historia/invencoes-heron-alexandria-como-poderiam-ter-revolucionado-antiguidade-772632.shtml>. Acesso em: 03 jul. 2014.

MASI, D. *A emoção e a regra:* os grupos criativos na Europa de 1850 a 1950. 7. ed. Rio de Janeiro: José Olympio, 1999.

MATRIX. Direção: Lana Wachowski e Lilly Wachowski. Produção: Joel Silver. Intérpretes: Keanu Reeves; Laurence Fishburne; Carrie-Anne Moss; Hugo Weaving; Joe Pantoliano. New York: Warner Bros Entertainment, 1999. 1 DVD (136 min), son., color.

MAYER, J.; SALOVEY P. *Emotional development and emotional intelligence:* implications for educators. New York: Basic Books, 1997.

MCLEAN, A. Emotional intelligence is the future of artificial intelligence: Fjord. *ZD-Net*, 2017. Disponível em: <http://www.zdnet.com/article/emotional-intelligence-is-the-future-of-artificial-intelligence-fjord/>. Acesso em: 28 fev. 2018.

MORENO, F. *Warren Buffett alerta: o varejo que você conhece está para morrer*. c2017. Disponível em: <https://conteudo.startse.com.br/tecnologia-inovacao/felipe/warren-buffett-alerta-o-varejo-que-voce-conhece-esta-para-morrer-retail/>. Acesso em: 3 nov. 2017.

MORI, M. Saiba o que é phubbing, o problema que está destruindo relacionamentos, *Gazeta do Povo*, 2017. Disponível em: <http://www.gazetadopovo.com.br/viver-bem/comportamento/o-que-e-phubbing/>. Acesso em: 30 jul. 2017.

NG, A. Y. Challenges of deep learning. *Youtube*, 22 mar. 2015. Disponível em: <https://www.youtube.com/watch?v=CLDisFuDnog>. Acesso em: 27 fev. 2018.

NIETZSCHE, F. *Pensamentos*. c2018. Disponível em: <https://www.pensador.com/frase/MjczNg/>. Acesso em: 3 jul. 2017.

NIGRO, R. A tensão entre lucro e ética. *Era*. 2014. Disponível em: <http://era.org.br/2014/07/a-tensao-entre-lucro-e-etica/>. Acesso em: 3 jul. 2014.

OLIVEIRA, A. C. P. de. *A virtude da justiça no pensamento aristotélico*. 2009. 104 f. Dissertação (Mestrado Acadêmico em Filosofia) – Universidade Estadual do Ceará, Fortaleza, 2009. Disponível em: <http://www.uece.br/cmaf/dm-documents/ dissertacao2009_virtude_justica_pensamento_aristotelico.pdf>. Acesso em: 3 jul. 2014.

ORWELL, George. *A revolução dos bichos*. São Paulo: Companhia das Letras, 2007.

OSBORNE, H. Stephen Hawking AI warning: artificial intelligence could destroy civilization. *Newsweek*, 2017. Disponível em: <http://www.newsweek.com/stephen-hawking-artificial-intelligence-warning-destroy-civilization-703630>. Acesso em: 3 jul. 2017.

PACHECO, P. E. *Inteligência volitiva*: a inteligência associada ao poder de realizar. São Paulo: Sensus, 2012.

PALUDO, S. S. ; KOLLER, S. H. Resiliência na rua: um estudo de caso. Psicologia: teoria e pesquisa, v. 21, n. 2,p. 187-195, 2005. Disponível em: <http://www.scielo.br/scielo.php?script=sci_arttext&pid=S0102-37722005000200009&lng=en&nrm=iso>. Acesso em: 26 fev. 2018.

PFOHL, S. O delírio cibernético de Norbert Wiener. *Revista Famecos*, v.8, n.15, 2001. Disponível em: <http://revistaseletronicas.pucrs.br/ojs/index.php/revistafamecos/article/view/3128/2399>. Acesso em: 27 fev. 2018.

PINHEIRO, A. M.; MARCELA, A.; SANLEZ, A. *Não vamos destruir o mundo, mas vamos ficar com os empregos*. c2017. Disponível em: <https://www.dn.pt/

dinheiro/interior/nao-vamos-destruir-o-mundo-mas-vamos-ficar-com-os--empregos-8901652.html>. Acesso em: 3 dez. 2017.

PIZZINGA, R. D. *Leonardo Da Vinci (pensamentos)*. c2018. Disponível em: <http://paxprofundis.org/livros/leonardo/davinci%20.html>. Acesso em: 4 jul. 2014.

PLATÃO. *O Banquete* (o amor e o belo). c2012. Disponível em: <http://www.dominiopublico.gov.br/download/texto/cv000048.pdf>. Acesso em: 4 jul. 2014.

PRAHALAD, C. K. *Frases*. c2018. Disponível em: <http://www.administradores.com.br/frases/c-k-prahalad/>. Acesso em: 3 jul. 2014.

ROOSEVELT, T. *Pensamentos*. c2018. Disponível em: <https://www.pensador.com/frase/NTEyMjE2/>. Acesso em: 3 jul. 2014.

SCOTT, W. D. *Increasing human efficiency in business paperback*. New York: Cosimo Classics, 2005.

SHAW, G. B. *Pensamentos*. c2018. Disponível em: <https://www.pensador.com/autor/george_bernard_shaw/>. Acesso em: 03 jul. 2014.

SMITH, A. *Pensamentos*. c2018. Disponível em: <https://www.pensador.com/pensamentos_de_adam_smith/>. Acesso em: 14 jan. 2018.

SORGATZ, R. *How to be a television futurist in four simple steps*. c2018. Disponível em: <https://www.wired.com/story/future-of-television-2018/>. Acesso em: 3 jan. 2018.

STEIN, T. *Caixa de Pandora:* como a humanidade arruinou a humanidade. c2018. Disponível em: <https://www.hipercultura.com/caixa-de-pandora/>. Acesso em: 3 jul. 2014.

SUMARES, G. *Facebook desativa inteligência artificial que criou linguagem própria*. c2018. Disponível em: <https://olhardigital.com.br/noticia/facebook--desativa-inteligencia-artificial-que-criou-linguagem-propria/70075>. Acesso em: 31 jul 2017.

Referências

SWAIM, R. *A estratégia segundo Drucker*: estratégias de crescimento e insights de marketing extraídos da obra de Peter Drucker. Rio de Janeiro: LTC, 2011.

TAYLOR, F. W. *Principles of scientific management*: les fiches de lecture. Paris: Encyclopaedia Universalis, 2016.

THIEL, P. *Como não morrer*. 2016. Disponível em: <http://www.comonaomorrer.com/2016/11/peter-thiel-esta-certo-quanto-uma-coisa.html>. Acesso em: 20 fev. 2017.

VILLEMARD. *À l'École*. Paris: Bibliothèque Nationale de France, 1910. (Chromolithographie, Estampes). Disponível em: <http://expositions.bnf.fr/utopie/grand/3_95b1.htm>. Acesso em: 26 fev. 2018.

ZAHAR, C. Roger Chartier: "Os livros resistirão às tecnologias digitais". *Nova Escola*, São Paulo, 2014. Disponível em: <https://novaescola.org.br/conteudo/938/roger-chartier-os-livros-resistirao-as-tecnologias-digitais>. Acesso em: 3 jul. 2014.

Leituras recomendadas

BERGLAS, A. *When computers can think: the artificial intelligence singularity.* New York: Createspace Independent Publishing Platform, 2015.

CAREY, B. *How we Learn: the surprising truth about when where, and why happens.* New York: Randon House, 2013.

CHACE, C. *Surviving AI: the promise and peril of artificial intelligence.* New York: Three C5, 2015.

CHRISTENSEN, C. M. *Blended: usando a inovação disruptiva para aprimorar a educação.* Porto Alegre: Penso, 2014.

DEMING, W. E. *Qualidade: a revolução da administração.* Rio de Janeiro: Marques-Saraiva, 1990.

DONKIN, R. *The history of work.* New York: Palgrave MacMillan, 2010.

FADEL, C.; BIALIK, M.; TRILLING, B. *Four-Dimensional Education: the competencies learners need to succeed.* Boston, USA: Center for Curriculum Redesign, 2015.

GABRIEL, J. *Artificial Intelligence: artificial intelligence for humans.* New York: Createspace Independent Publishing Platform, 2015.

GABRIEL, J. *Artificial Intelligence: artificial intelligence for humans.* New York: Createspace Independent Publishing Platform, 2016.

GATES, B. *Business @ the Speed of Thought: succeeding in the digital economy.* New York: Grand Central Publishing, 1999.

HARARI, Y. N. *Homo Deus: a brief history of tomorrow.* Jerusalém: Hervill Secker, 2015.

HASSAN, F. *Reinvent: a leader's playbook for serial success.* Hoboken: Jossey-Bass, 2013.

HUXLEY, A. *A Brave new world and a brave new world revisited.* New York: Harperpernial, 2005.

KELLY, K. *The Inevitable: understanding the 12 technological forces that will shape our future.* New York: Viking, 2016.

LAJOIE, P. S.; SHARAON J. D. *Computers as cognitive tools.* London: Routledge, 2009.

ORWELL, G. *1984.* São Paulo: Companhia das Letras, 2009.

ROUHIAINEN, L. *The future of Higher Education: how emerging technologies will change education forever.* New York: Createspace Independent Publishing Platform, 2016.

SUSSKIND, R.; SUSSKIND, D. *The future of the professions: how technology will transform the work of human experts.* New York: Oxford University, 2015.

TAYLOR; FAYOL; MAYO; DEMING; DRUCKER. *Five faces of management.* [S.l.]: Sugar UB, 2015.

TRILLING, B.; FADEL, C. *21 st century skills: learning for life in our times.* Hoboken, New Jersey: John Wiley, 2012.

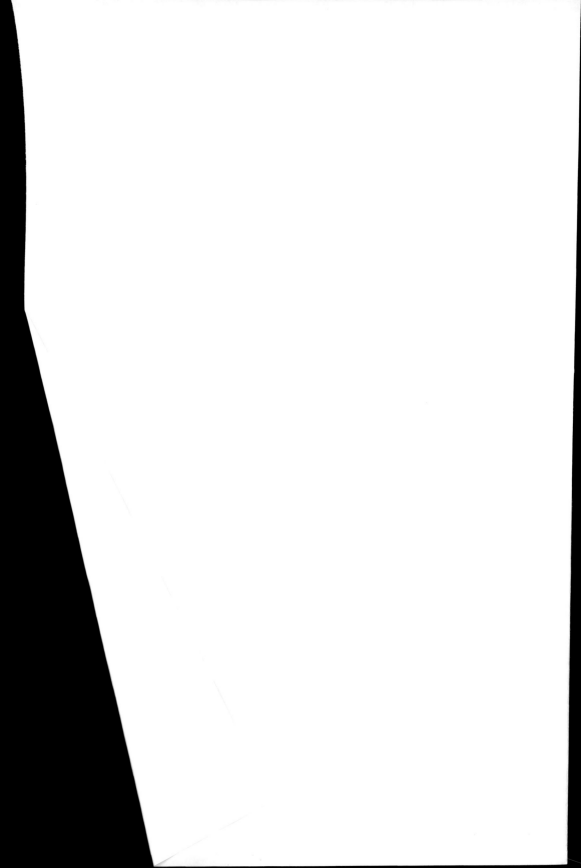